※ 在编织作品之前，建议一次备齐足够的线

从中心开始编织的法式套头衫

从中心开始编织的精美套头衫，犹如花儿在胸前绽放。后身片有相同花样。领窝、袖口、下摆采用简洁的贝壳花样做边缘编织，和身片上的镂空菠萝花样相得益彰。

1

编织方法　第 32 页

编织方法　第 32 页

使用线…和麻纳卡 ALPACA MOHAIR FINE
设计…原田小夜子

束腰套头衫

从领口开始直线编织的束腰套头衫。
连续加入菠萝花样的设计，格外凸显美感。

编织方法　第 36 页

使用线…和麻纳卡 ALPACA MOHAIR FINE
设计…原田小夜子

2

两侧下摆开衩，更方便活动。

从中心编织的法式套头衫

从身片中心向四周编织花朵花片的法式套头衫。
好似花朵完全绽放，特别华丽。
选用明媚的米色线编织，更添优雅气息。

编织方法　第 39 页

使用线…和麻纳卡 ALPACA MOHAIR FINE
设计…冈本启子
制作…佐伯寿贺子

七分袖套头衫

中央、两侧、袖山均加入菠萝花样的镂空质感套头衫。
可挑选白色等亮色打底，更衬托出花样的美丽。
七分袖的设计更显清爽。

4

编织方法　第 42 页

使用线…和麻纳卡 ALPACA MOHAIR FINE
设计…原田小夜子

长款背心

这款直身设计的长款背心在腰部略收，领窝、下摆采用较小的菠萝花样编织，设计简洁，成熟女性也能安心穿着。

5

编织方法 第54页

使用线…和麻纳卡 ALPACA MOHAIR FINE
设计…铃木朝子
制作…草叶京子

U形领开衫

这款全身遍布菠萝花样的优雅开衫，在领窝、前门襟、袖口、下摆等处都用了贝壳边点缀。

编织方法　第46页

使用线…和麻纳卡 ALPACA MOHAIR FINE
设计…原田小夜子

6

单粒扣长马甲

这款单粒扣设计的雅致长马甲，前、后身片搭配了不同花样。自然翻折的衣领，随心却不失优雅。

7

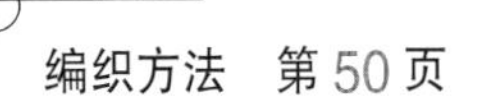

编织方法　第 50 页

使用线…和麻纳卡 ALPACA MOHAIR FINE
设计…水原多佳子

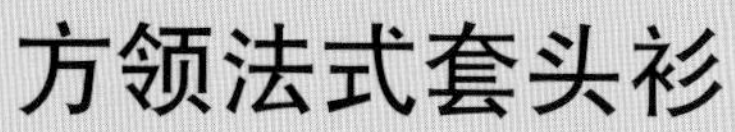

方领法式套头衫

这款从方形领窝开始编织的套头衫，仅育克和下摆加入了菠萝花样设计。身片部分由连续编织的枣形针和网眼针编织出了规则的菱形花样。

8

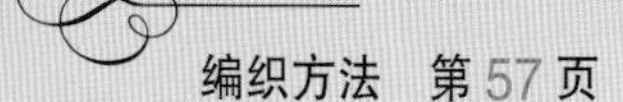

编织方法　第57页

使用线…和麻纳卡 ALPACA MOHAIR FINE
设计…冈本启子
制作…丸谷市枝

方领五分袖套头衫

五分袖的套头衫，
育克与作品8（第10页）的套头衫同样编织，
之后身片和衣袖连续编织菠萝花样。
清晰的枣形针形成的线条，
将花样的精美完全展现出来。

9

编织方法　第60页

使用线…和麻纳卡 ALPACA MOHAIR FINE
设计…冈本启子
制作…宫崎满子

圆育克短袖套头衫

这款从领窝开始编织的圆育克短袖套头衫，
整体由纤细的菠萝花样组成。
挑选蓝色系，少些稚气，休闲感十足。

编织方法　第 62 页

使用线…和麻纳卡 ALPACA MOHAIR FINE
设计…铃木朝子
制作…草叶京子

10

圆育克法式开衫

仅在圆育克部分加入个性菠萝花样，
其他部分采用简洁的编织花样编织。
纽扣仅在圆育克部分，腰部宽松舒适。

11

编织方法　第66页

使用线…和麻纳卡 ALPACA MOHAIR FINE
设计…水原多佳子
制作…松好孝子

圆育克套头衫

这款马海毛混纺的单色套头衫，采用从育克开始编织的设计。搭配深色打底衫，更凸显出编织图案的优美线条。

12

编织方法 第 70 页

使用线…和麻纳卡 MOHAIR
设计…原田小夜子

13

编织方法 第72页

使用线…和麻纳卡 ALPACA MOHAIR FINE
设计…风工房

圆育克披风

这款披风上的菠萝花样从领窝到下摆逐渐展开。
虽然手肘也被包裹在内，
却不妨碍活动。也可搭配裤装等，
多些休闲感。

七分袖开衫

14

这款用含金属丝的棉线编织的开衫，高雅的光泽感让人爱不释手。圆育克、袖口、下摆加入的菠萝花样，更散发出精致感。

编织方法　第74页

使用线…和麻纳卡 APRICO（LAME）
设计…河合真弓
制作…栗原由美

方领套头衫

这款从中心开始编织的优美
大菠萝花样套头衫，
四周采用了网眼针的简洁设计，
下摆处添加小菠萝花样点缀。

15

编织方法　第 76 页

使用线…和麻纳卡 FLAX C（LAME）
设计…冈真理子
制作…宫崎裕子

圆领背心

这款可以尽情享受搭配乐趣的圆领背心，如水流般灵动的菠萝花样，让人倍感清凉。
下摆没有多余的点缀。

编织方法　第 81 页

使用线…和麻纳卡 WASH COTTON（CROCHET）
设计…冈真理子
制作…水野顺

披肩风短上衣

袖口和下摆加入的菠萝花样是这款短上衣的亮点。
从手肘处编织袖口的菠萝花样，穿起来像披肩一样。

17

编织方法 第 78 页

使用线…和麻纳卡 PAUME（彩土染）
设计…凉
制作…内山友理子

单粒扣短斗篷

这款简洁的单粒扣短斗篷，只有下摆采用了菠萝花样的设计。套在连衣裙或罩衫外面，会自然多几分华丽感。

18

编织方法　第 84 页

使用线…和麻纳卡 ALPACA MOHAIR FINE
设计…风工房

半圆形披肩

这款优雅的半圆形披肩设计简单，
美丽的菠萝花样自上而下缓缓散开。
用胸针或别针稍加固定，
优雅且精致。

编织方法　第 87 页

使用线…和麻纳卡 ALPACA MOHAIR FINE
设计…水原多佳子

19

长披肩

这款两侧编织大菠萝花样的长披肩的
主体为简洁织片，编织时格外轻松。
搭在肩上，不仅暖意满满，更增添了优雅。

编织方法　第 90 页

使用线…和麻纳卡 ALPACA MOHAIR FINE
设计…风工房

20

迷你披肩

只有一侧带有菠萝花样的镂空迷你披肩，可以系在颈部，也可搭在肩上，成为服饰的亮点。

编织方法　第 86 页

使用线…和麻纳卡 ALPACA MOHAIR FINE
设计…原田小夜子

21

披在肩上，如同一件小巧的背心。

超长披肩

宽大加长的超长披肩，随意裹在颈部就能成为搭配的亮点。连续编织的大菠萝花样更显华丽。使用方式百变。

22

编织方法　第92页

使用线…和麻纳卡 ALPACA MOHAIR FINE
设计…风工房

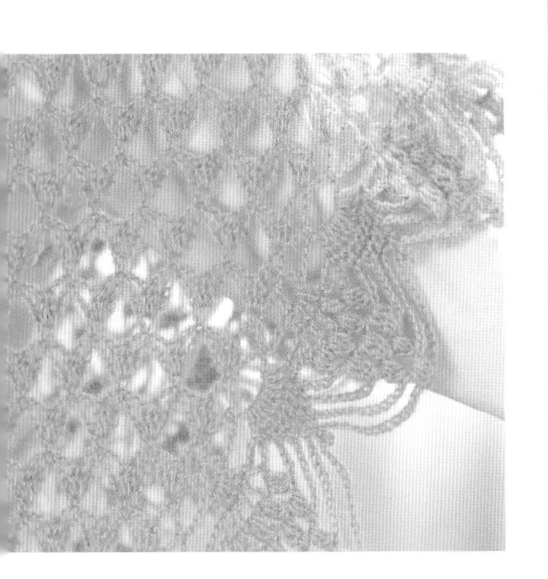

梯形披肩

这是一款经典的梯形披肩，下摆的边缘编织使用的是菠萝花样。主体编织了简单的锁针和枣形针，营造出镂空质感。

23

编织方法　第 94 页

使用线…和麻纳卡 ALPACA MOHAIR FINE
设计…水原多佳子

两用披肩

这是一款从中央向两侧连续编织的大号披肩。用纽扣固定，也可作为开衫使用。枣形针呈现出的凹凸感，使花样更加令人印象深刻。

编织方法　第 97 页

使用线…和麻纳卡 ALPACA MOHAIR FINE
设计…松本惠衣子

24

窄款披肩

这是一款连续编织菠萝花样的窄款披肩。
随意裹上就能成为一道风景。

25

编织方法　第 100 页

使用线…和麻纳卡 ALPACA MOHAIR FINE
设计…铃木朝子
制作…草叶京子

装饰领

纤细的菠萝花样整齐排列的带状装饰领。
明亮的米色，更显高雅。

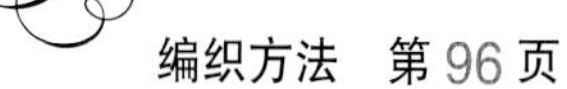

编织方法　第 96 页

使用线…和麻纳卡 ALPACA MOHAIR FINE
设计…铃木朝子

编织方法　第 100 页

使用线…和麻纳卡 ALPACA MOHAIR FINE
设计…冈本启子
制作…pony

27

双层设计装饰领

上面花样翻折下来之后可作为双层装饰领使用。
颈部编织了方眼花样，上下层设计了不同的花样。

迷你长巾

用简单的菠萝花样排成一列的迷你长巾。浅紫色的优雅，令人好想多织几件。

系在颈部更显优雅。

28

编织方法　第 65 页

使用线…和麻纳卡 ALPACA MOHAIR FINE
设计…和麻纳卡企划

连编花片披肩

优雅的紫色线和米色线编织而成的菠萝花样披肩。
尺寸足够大，可随意缠绕在肩上。

编织方法　第 102 页

使用线…和麻纳卡 FLAX C
设计…风工房

29

作品编织方法

＊材料
和麻纳卡 ALPACA MOHAIR FINE
砖红色（15）155g
＊工具
和麻纳卡 AMIAMI双头钩针RAKURAKU 4/0号
＊成品尺寸
胸围 96cm，衣长 55cm，连肩袖长 28cm

＊编织方法
1. 线圈环形起针，编织花片 A。从花片 A 开始挑针，按编织花样钩织后身片。
2. 同后身片一样，前身片编织花片 A'，右肩、左肩、腰围分别挑针钩织编织花样。
3. 肩部、胁部做挑针缝合。
4. 下摆钩织边缘编织 A 成环形。
5. 袖口钩织边缘编织 B 成环形。
6. 衣领钩织边缘编织 C 成环形。

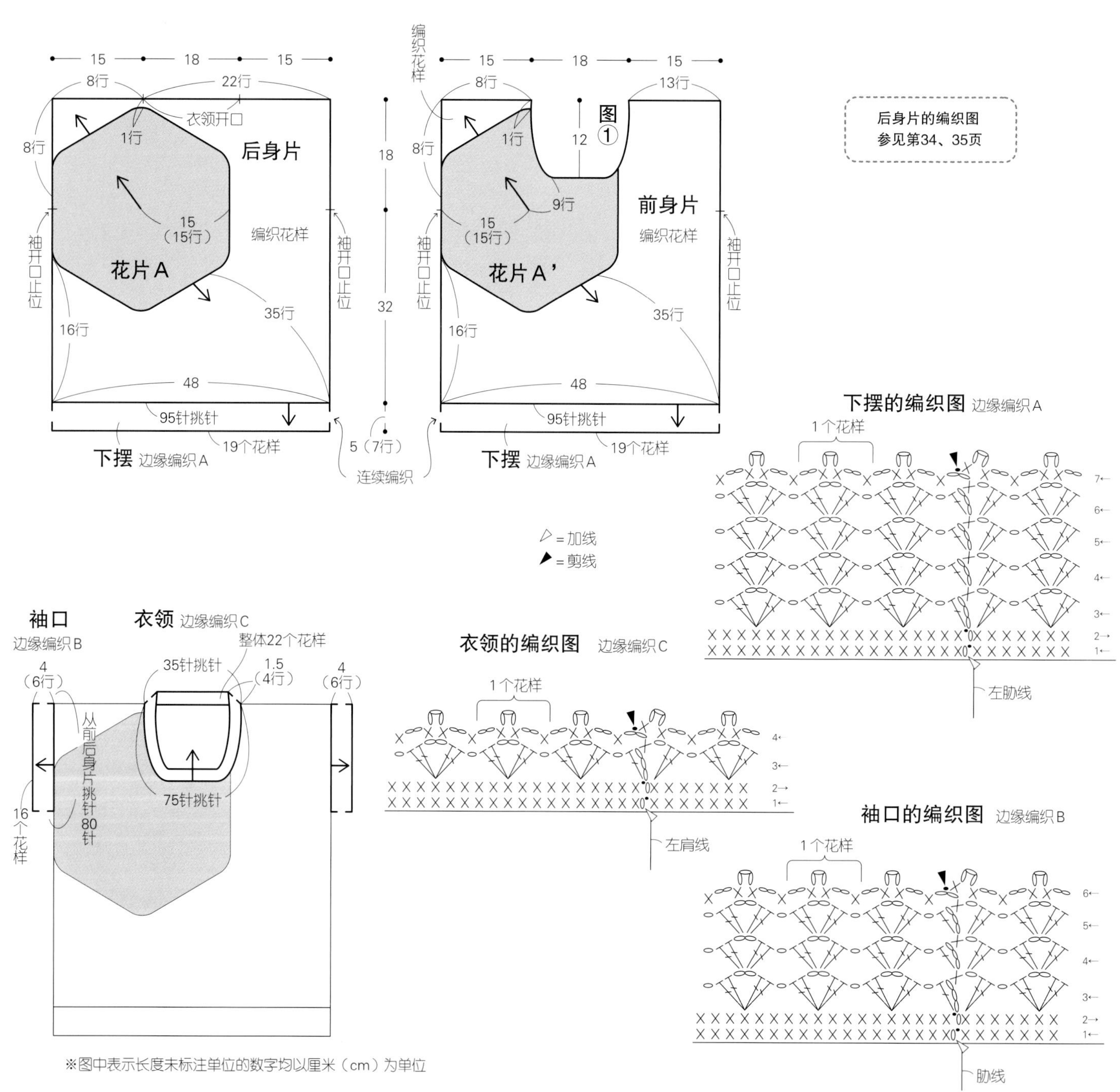

※图中表示长度未标注单位的数字均以厘米（cm）为单位

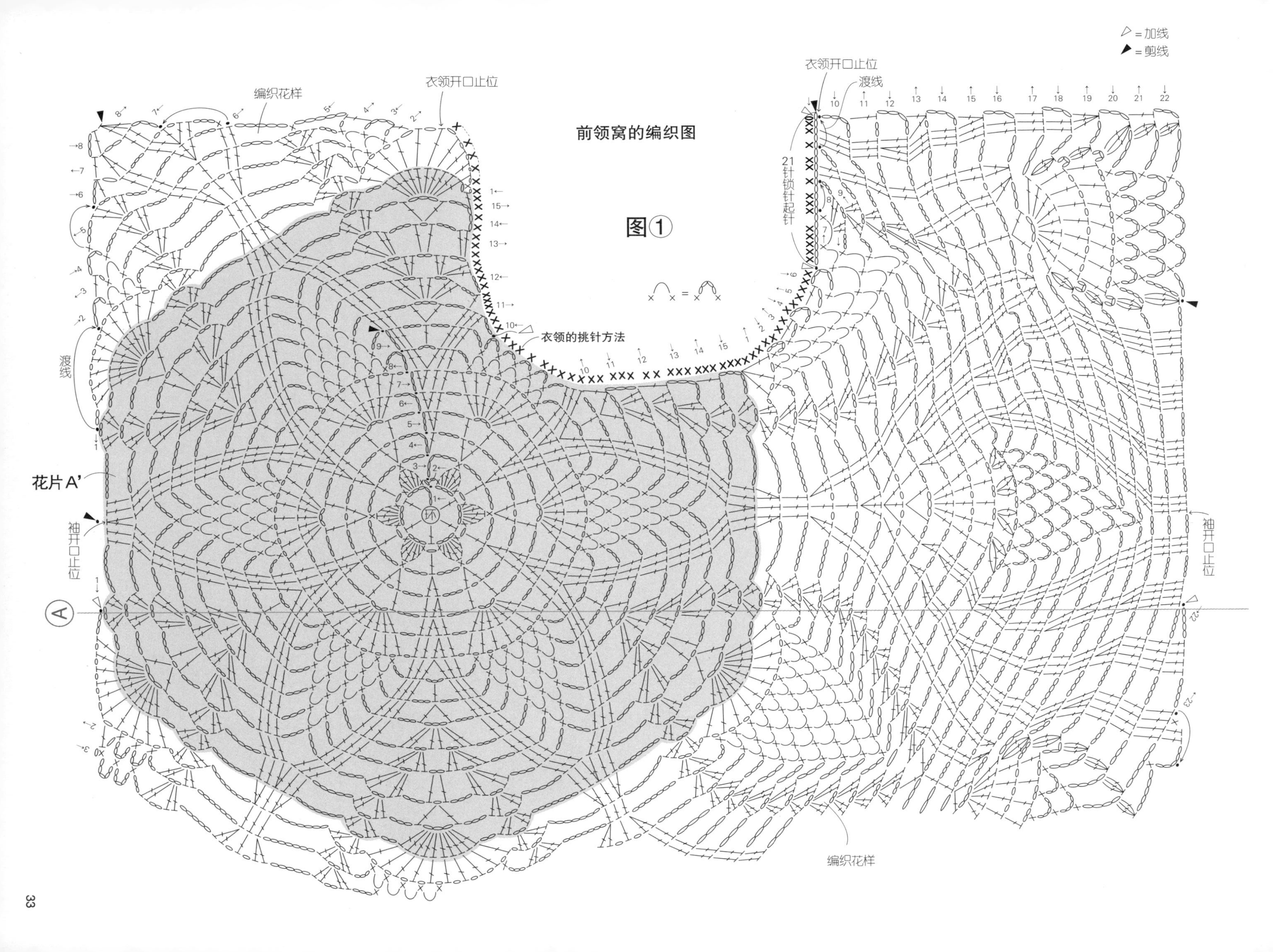

前领窝的编织图
图①
◁ = 加线
◀ = 剪线
衣领开口止位
渡线
21针锁针起针
衣领的挑针方法
编织花样
花片A'
袖开口止位
环
A

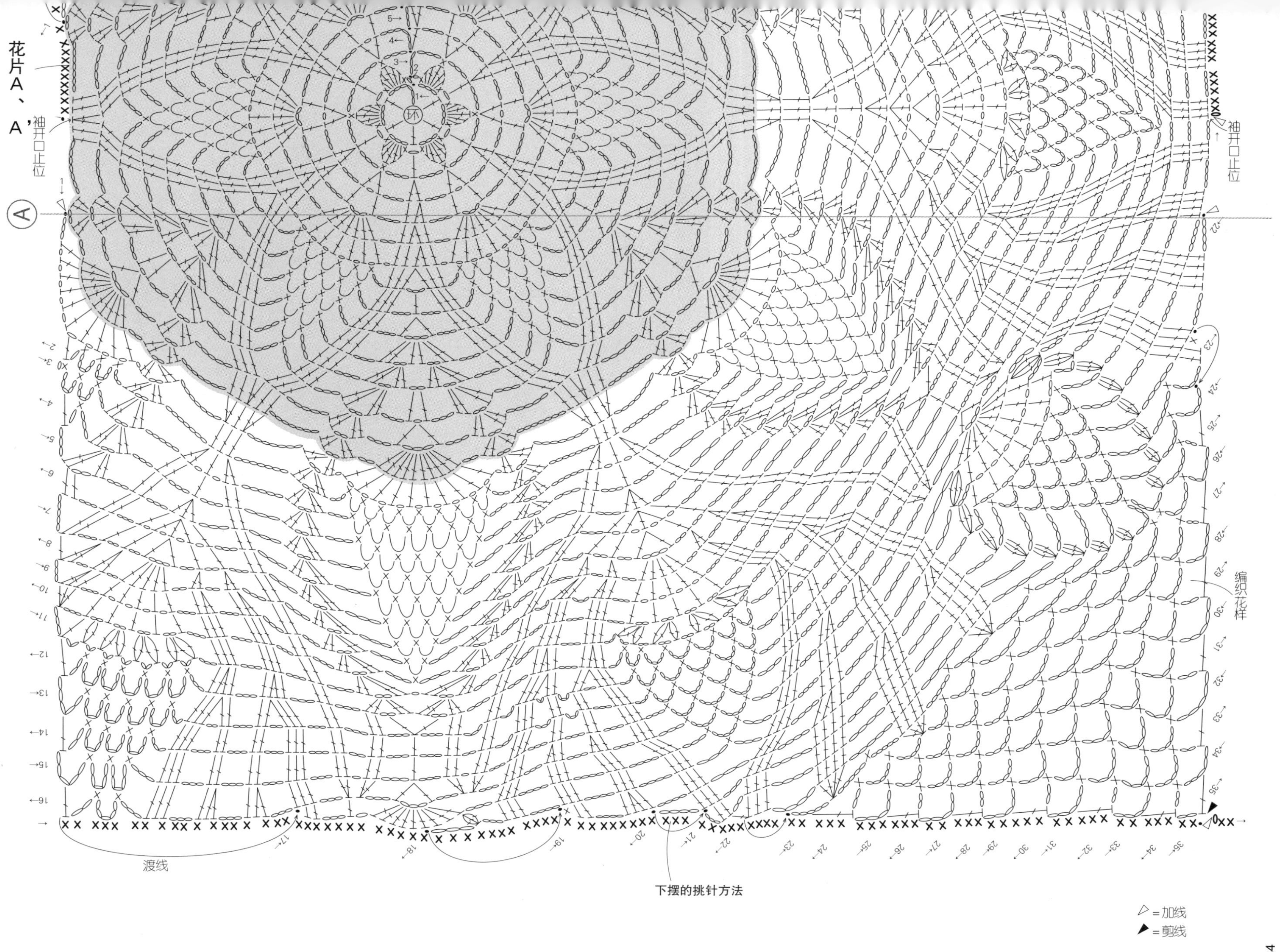

花片A、A'
A
袖开口止位
袖开口止位
编织花样
渡线
下摆的挑针方法
△=加线
▲=剪线

后身片的编织图

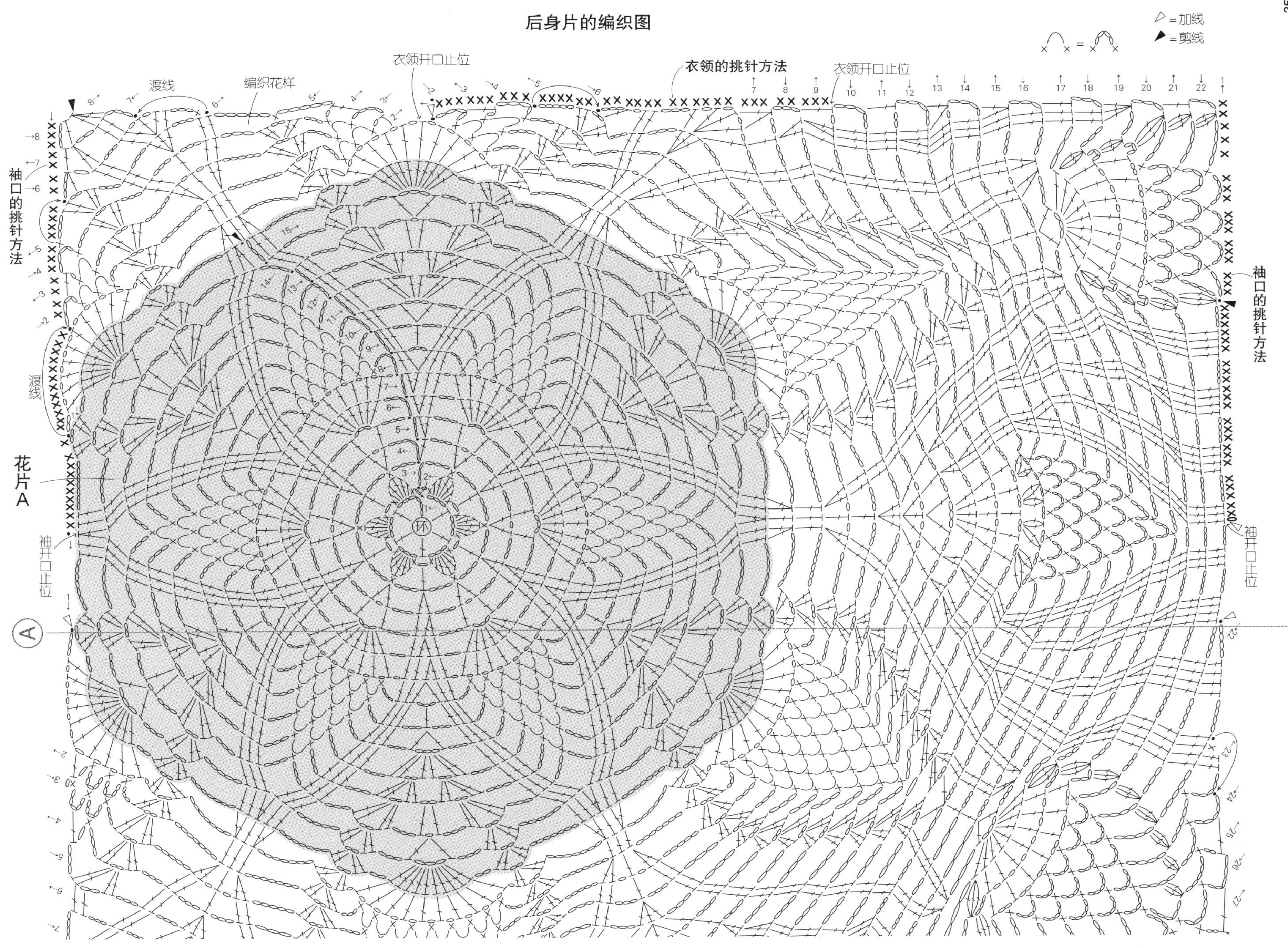
△=加线
▲=剪线
衣领开口止位
衣领的挑针方法
衣领开口止位
渡线
编织花样
袖口的挑针方法
渡线
花片A
袖开口止位
A
袖口的挑针方法
袖开口止位

4页 2

* 材料

和麻纳卡 ALPACA MOHAIR FINE

珍珠绿色（5）200g

* 工具

和麻纳卡 AMIAMI 双头钩针 RAKURAKU 4/0 号

* 编织密度

编织花样：9.5cm 为 1 个花样，10cm 为 11 行

* 成品尺寸

胸围 114cm，衣长 58.5cm，连肩袖长 30.5cm

* 编织方法

1. 锁针起针，按编织花样从肩线一侧开始钩织前后身片。钩织相同的 2 片。
2. 肩部做卷针缝合。
3. 胁部做卷针缝合。
4. 衣领、下摆、开衩钩织边缘编织 A 成环形。
5. 袖口钩织边缘编织 B 成环形。

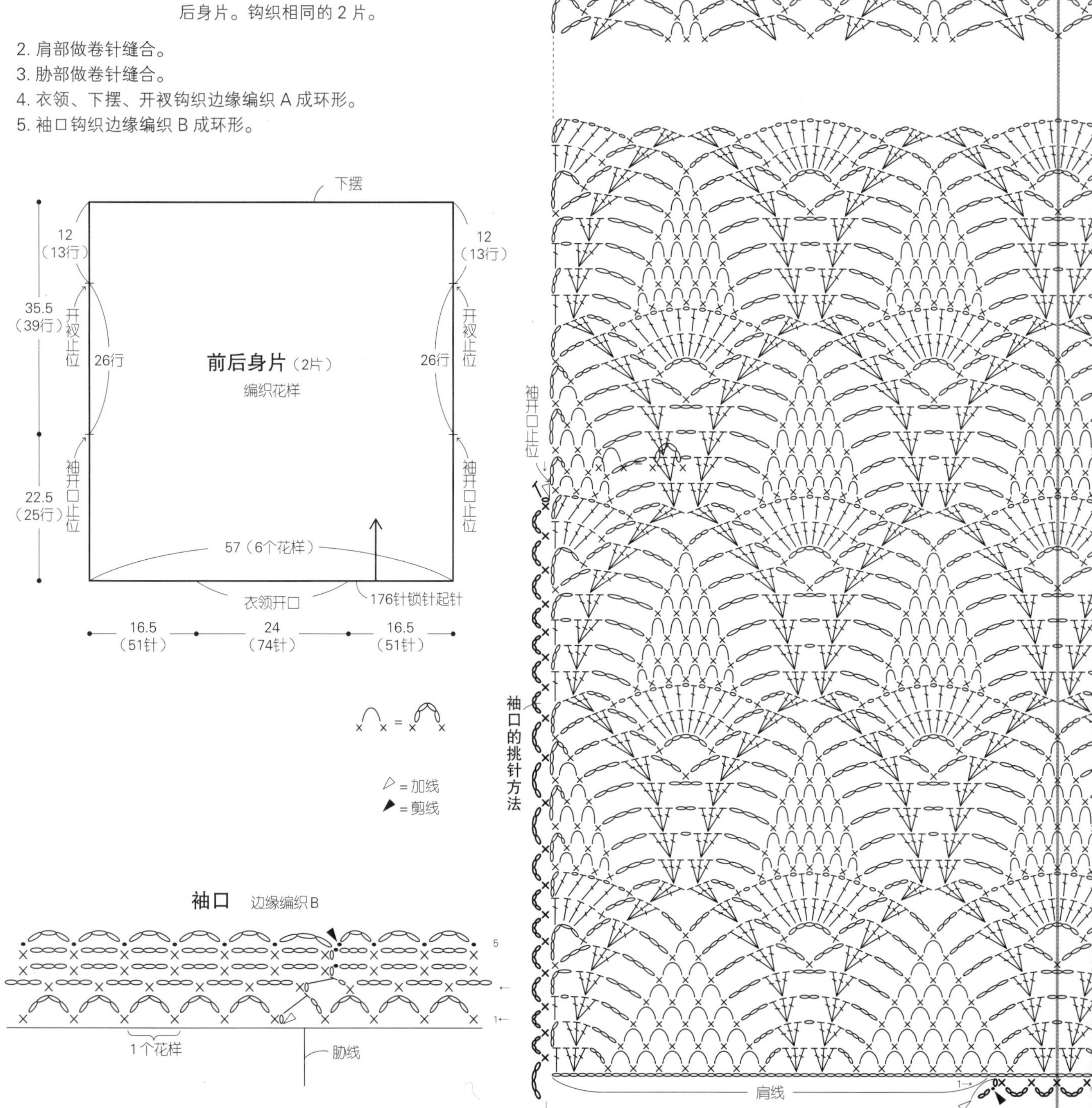

前后身片的编织图　编织花样

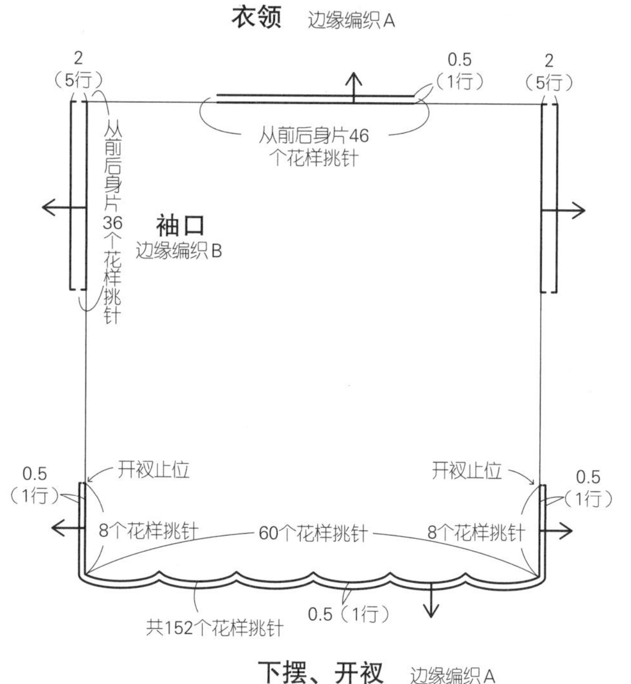
衣领 边缘编织A
2
（5行）
0.5
（1行）
2
（5行）
从前后身片46个花样挑针
从前后身片36个花样挑针
袖口
边缘编织B
开衩止位
开衩止位
0.5
（1行）
0.5
（1行）
8个花样挑针
60个花样挑针
8个花样挑针
共152个花样挑针
0.5（1行）
下摆、开衩 边缘编织A

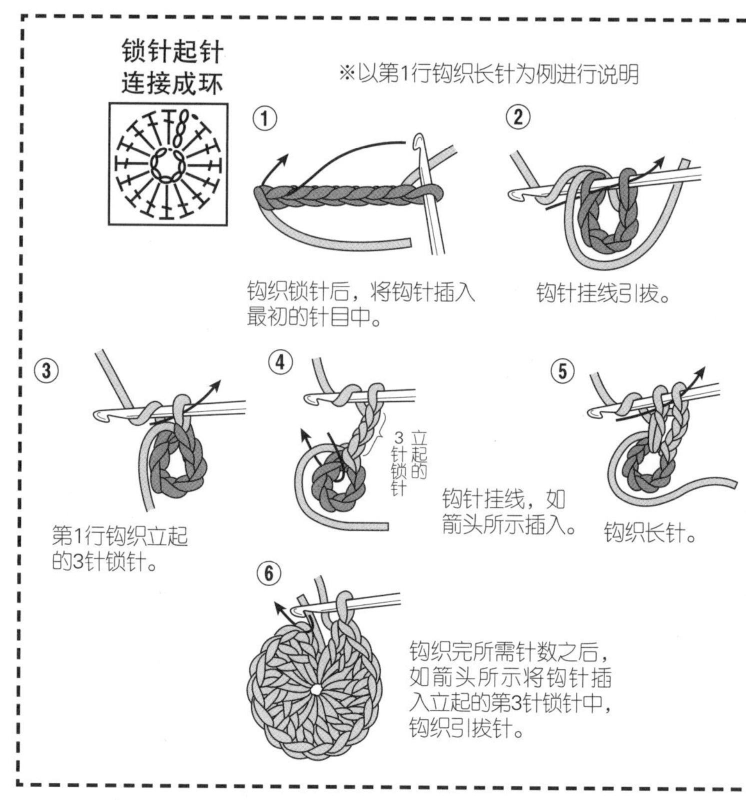
锁针起针
连接成环
※以第1行钩织长针为例进行说明
①
钩织锁针后，将钩针插入最初的针目中。
②
钩针挂线引拔。
③
第1行钩织立起的3针锁针。
④
3针立起的锁针
钩针挂线，如箭头所示插入。
⑤
钩织长针。
⑥
钩织完所需针数之后，如箭头所示将钩针插入立起的第3针锁针中，钩织引拔针。

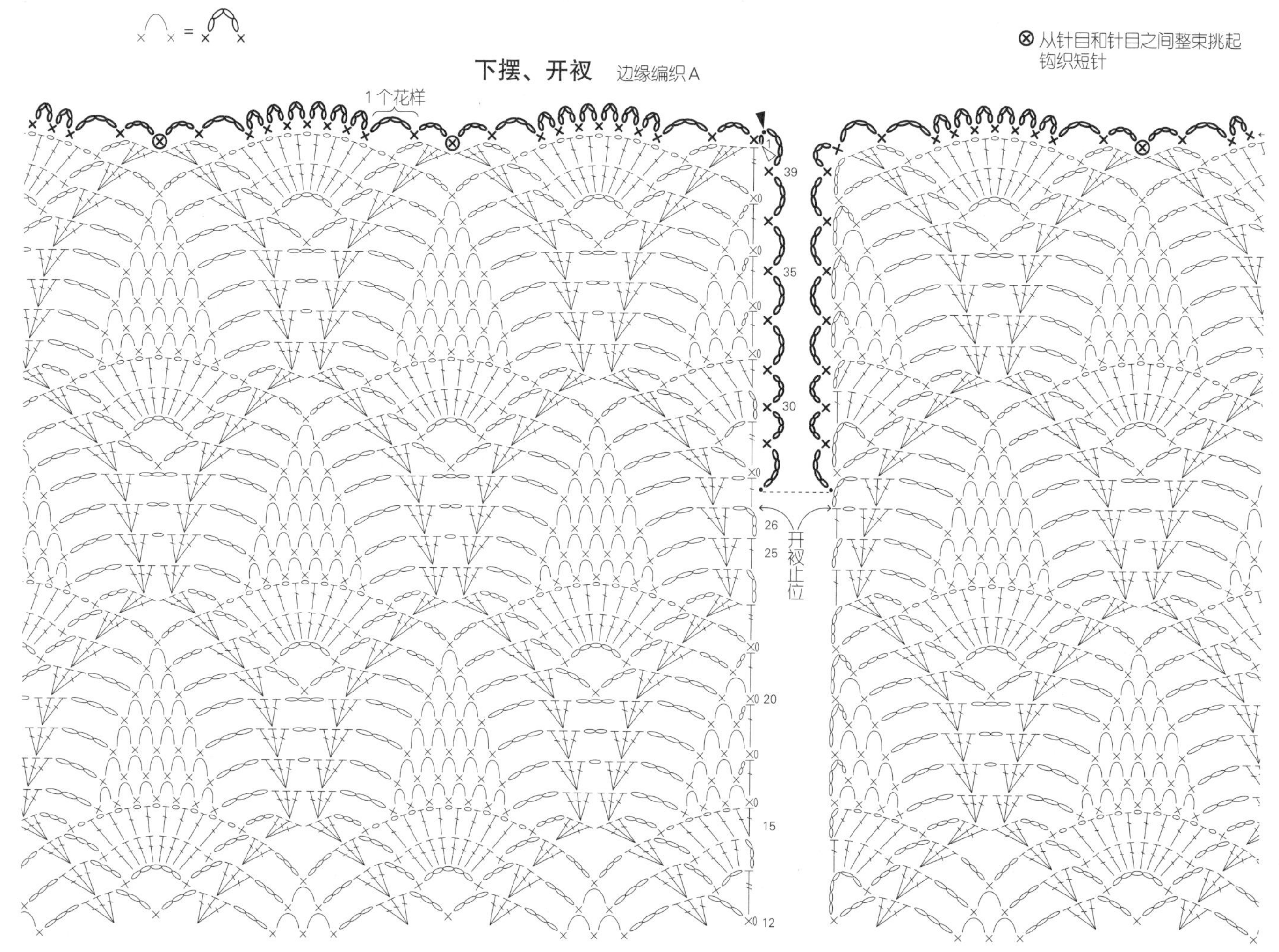
⊗ 从针目和针目之间整束挑起钩织短针
下摆、开衩 边缘编织A
1个花样
1
39
35
30
26
25
开衩止位
20
15
12

5页

3

＊材料
和麻纳卡 ALPACA MOHAIR FINE
亮米色（2）120g

＊工具
和麻纳卡 AMIAMI 双头钩针 RAKURAKU
4/0 号

＊成品尺寸
胸围 92cm，衣长 55cm，连肩袖长 29.5cm

＊编织方法

1. 线圈环形起针，钩织花片。从花片开始挑针，按编织花样 A、A'、B 钩织后身片。
2. 同后身片一样，前身片先钩织花片，再钩织编织花样 A、A'、C、C'。
3. 肩部钩织锁针和引拔针接合。
4. 胁部钩织锁针和引拔针接合。
5. 下摆钩织边缘编织 A 成环形。
6. 衣领、袖口钩织边缘编织 B 成环形。

后身片

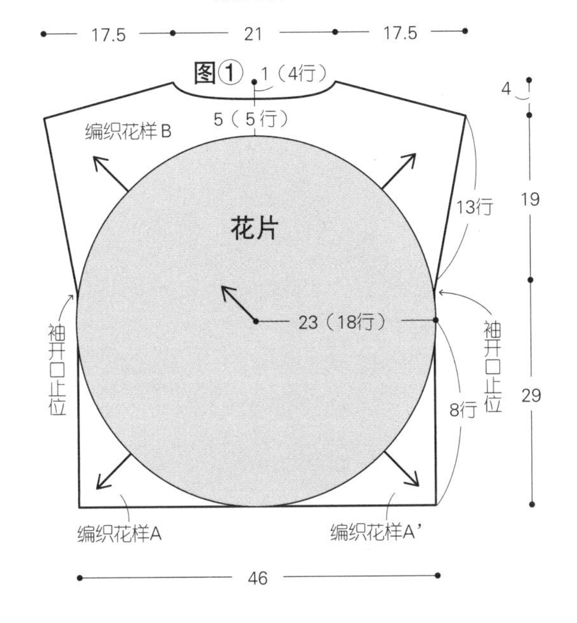

前身片

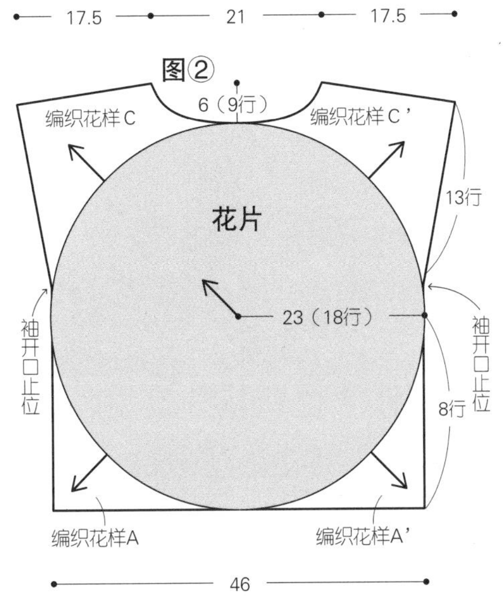

衣领、袖口 边缘编织B

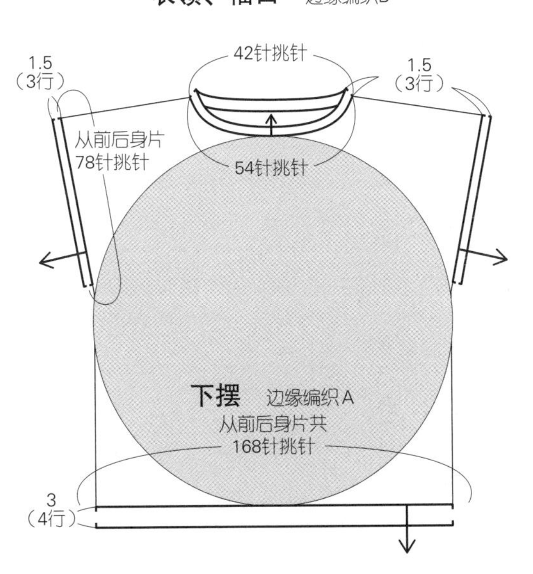

衣领、袖口的编织图 边缘编织B

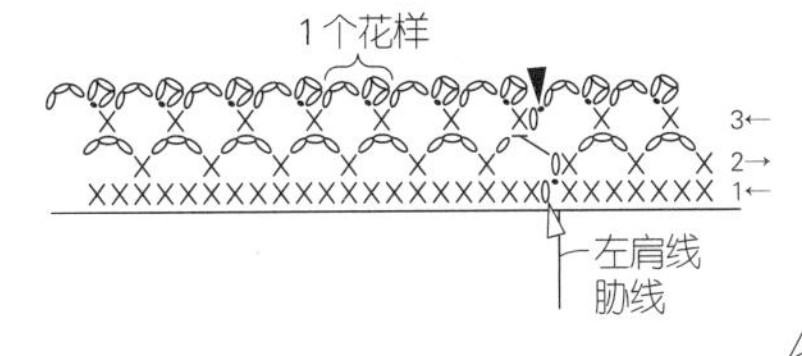

▷ = 加线
▶ = 剪线

下摆的编织图 边缘编织A

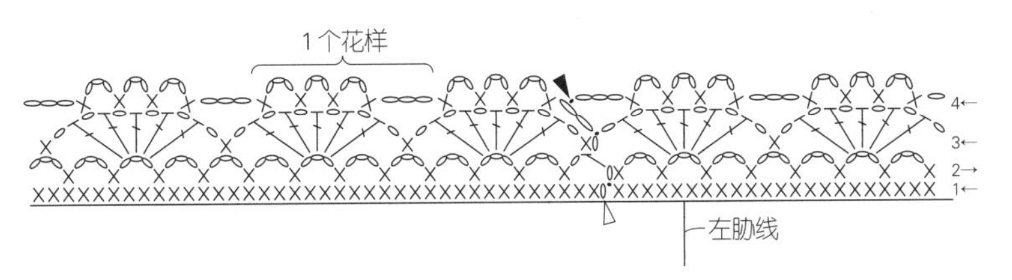

后身片的编织图

图①
后领窝
中央
衣领的挑针方法
编织花样B
▷=加线
▶=剪线
袖口的挑针方法
袖开口止位
花片
编织花样A
渡线
编织花样A'
胁部的接合方法
A

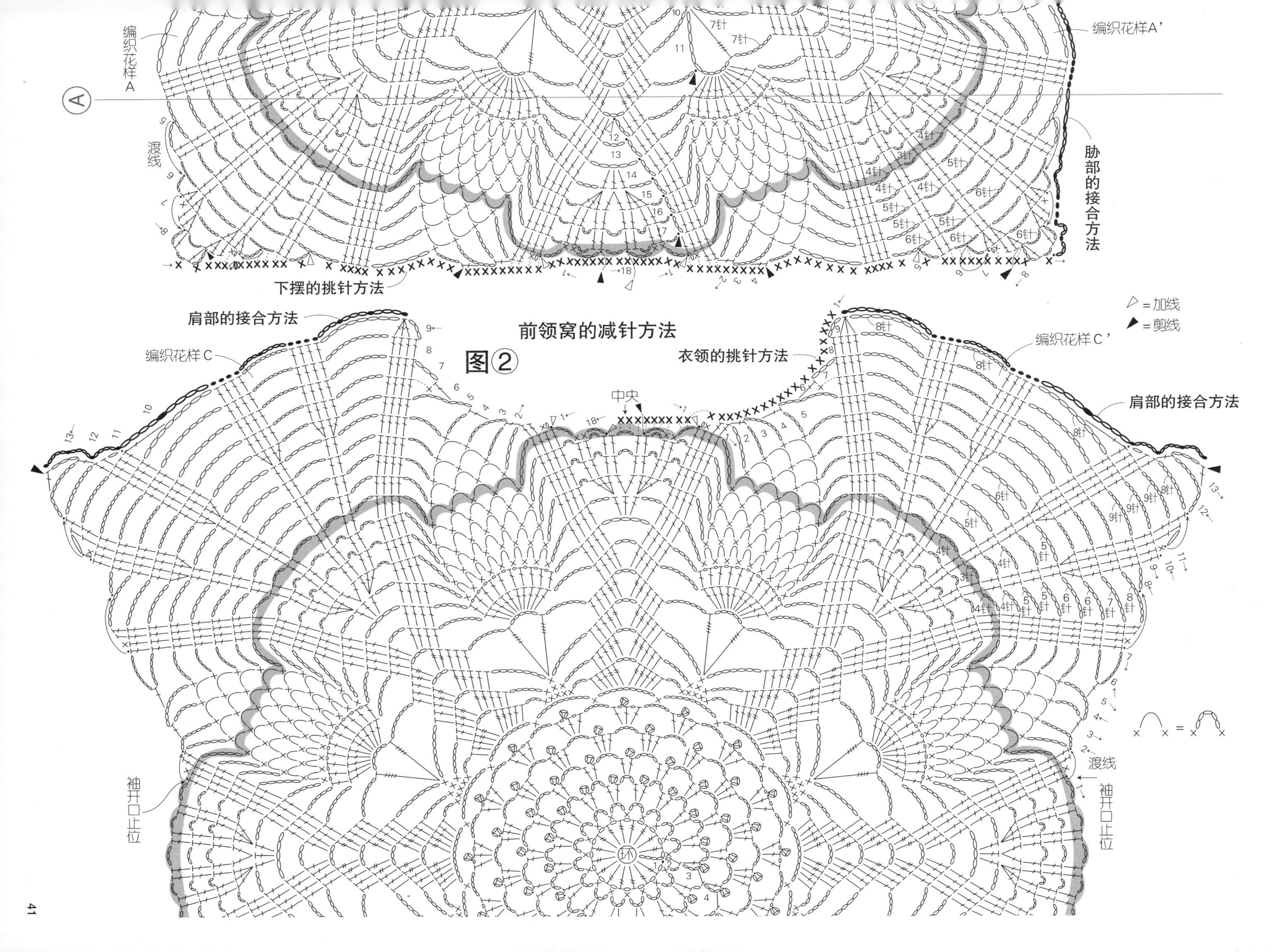
编织花样A
编织花样A'
胁部的接合方法
渡线
下摆的挑针方法
肩部的接合方法
前领窝的减针方法
图②
衣领的挑针方法
△=加线
▲=剪线
编织花样C
编织花样C'
肩部的接合方法
中央
渡线
袖开口止位
袖开口止位

6页 4

* 材料

和麻纳卡 ALPACA MOHAIR FINE

苔绿色（6）205g

* 工具

和麻纳卡 AMIAMI 双头钩针 RAKURAKU 4/0 号

* 编织密度

编织花样 A：9cm 为 1 个花样，10cm 为 9 行

编织花样 B：10cm 为 30 针，10cm 为 9 行

* 成品尺寸

胸围 96cm，衣长 54.5cm，连肩袖长 58cm

* 编织方法

1. 锁针起针，按编织花样 A、B、C 钩织后身片。
2. 前身片锁针起针，按编织花样 A、B 钩织左肩一侧至接袖止位。同样钩织右肩一侧，从胁部开始左右前身片连续编织。接着，钩织编织花样 C。
3. 肩部做卷针缝合。
4. 从前后身片挑针，按编织花样 A、B 钩织衣袖。
5. 胁部、袖下钩织 3 针锁针和引拔针接合。
6. 下摆钩织边缘编织 A 成环形。
7. 袖口钩织边缘编织 B 成环形。
8. 衣领钩织边缘编织 C 成环形。

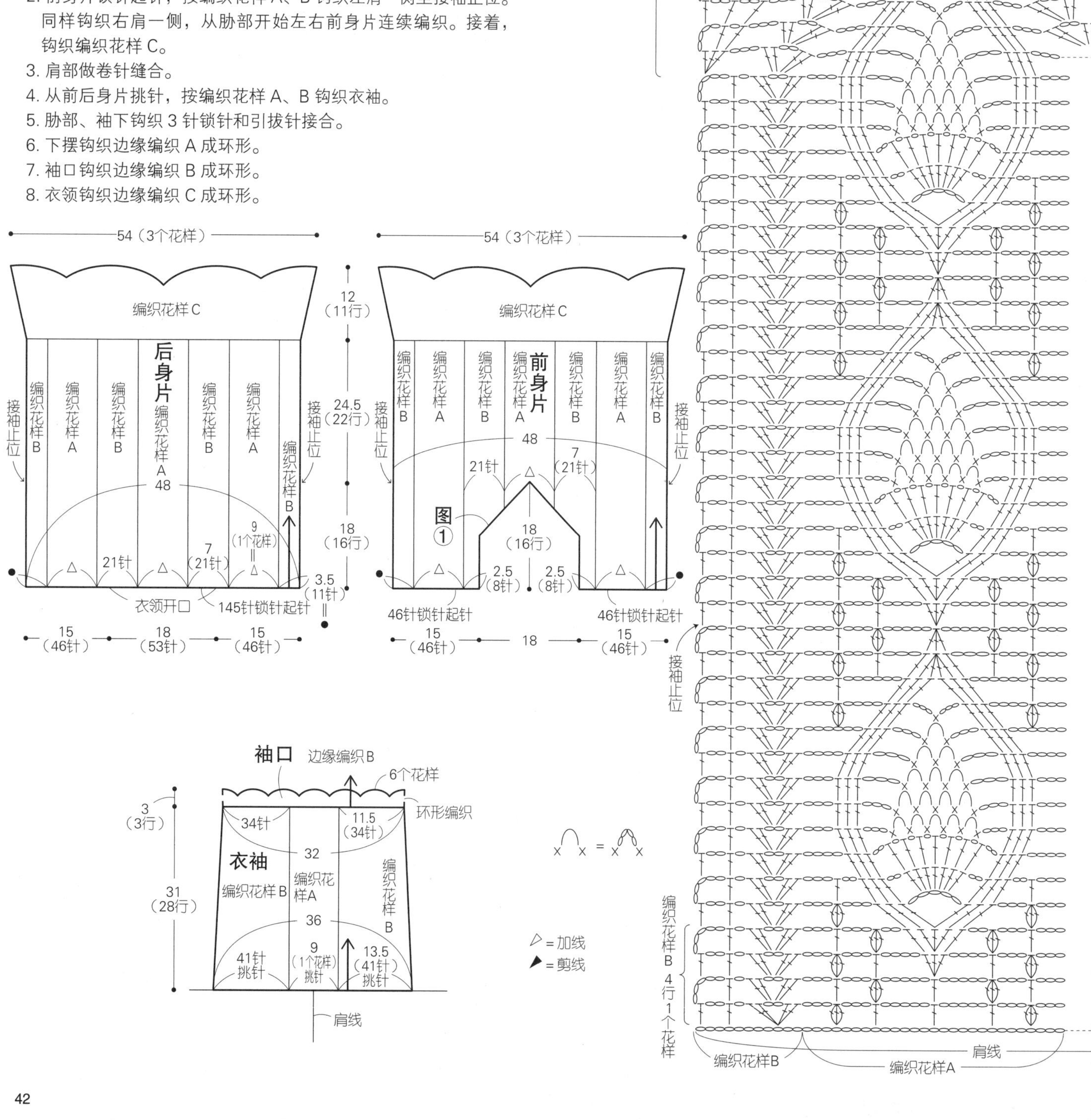

后身片的编织图

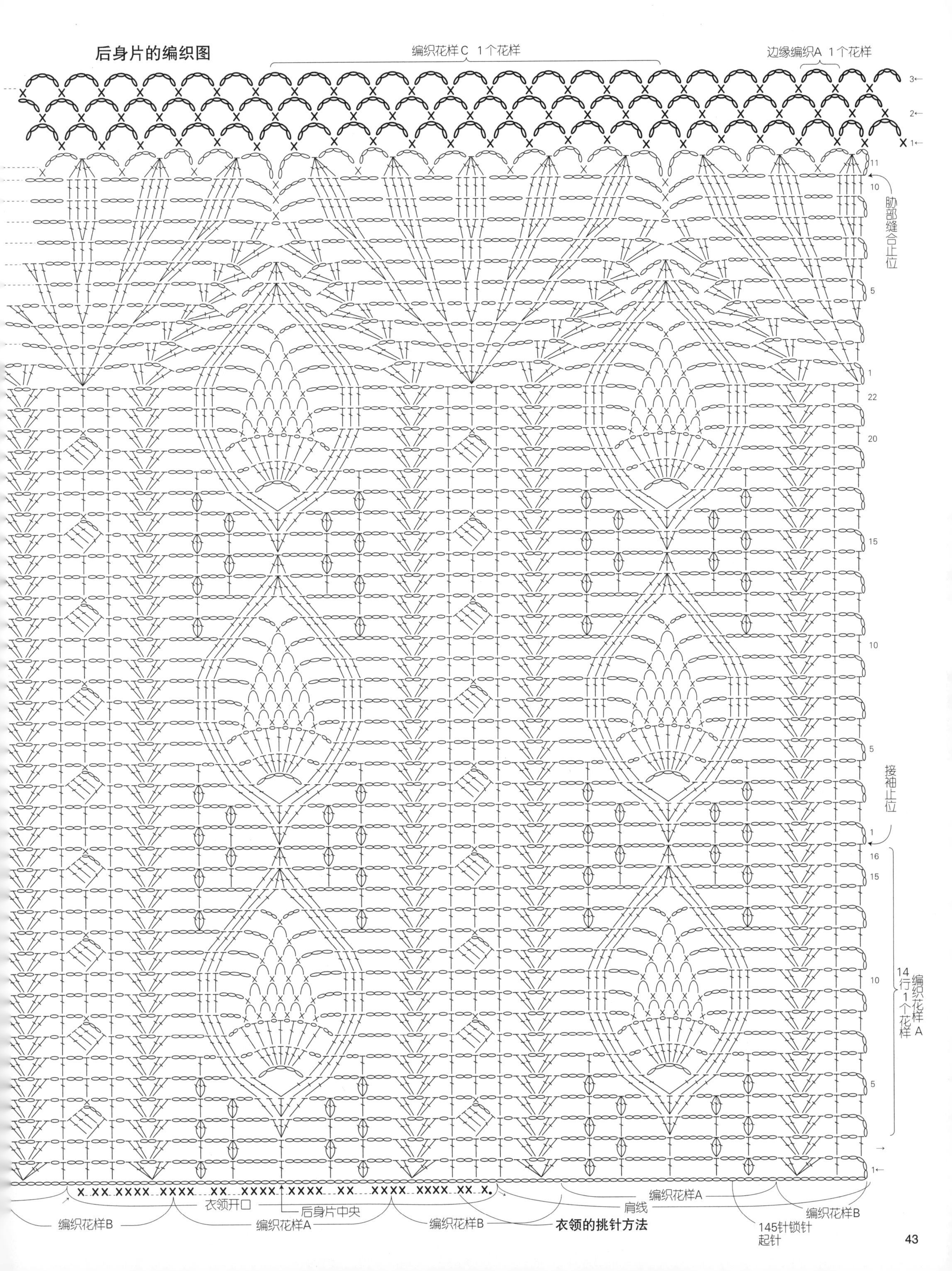

编织花样C 1个花样
边缘编织A 1个花样
3←
2←
1←
11
10
胁部缝合止位
5
1
22
20
15
10
5
接袖止位
1
16
15
14行
编织花样A 1个花样
10
5
1←
衣领开口
后身片中央
编织花样A
肩线
编织花样B
编织花样A
编织花样B
衣领的挑针方法
编织花样B
145针锁针起针

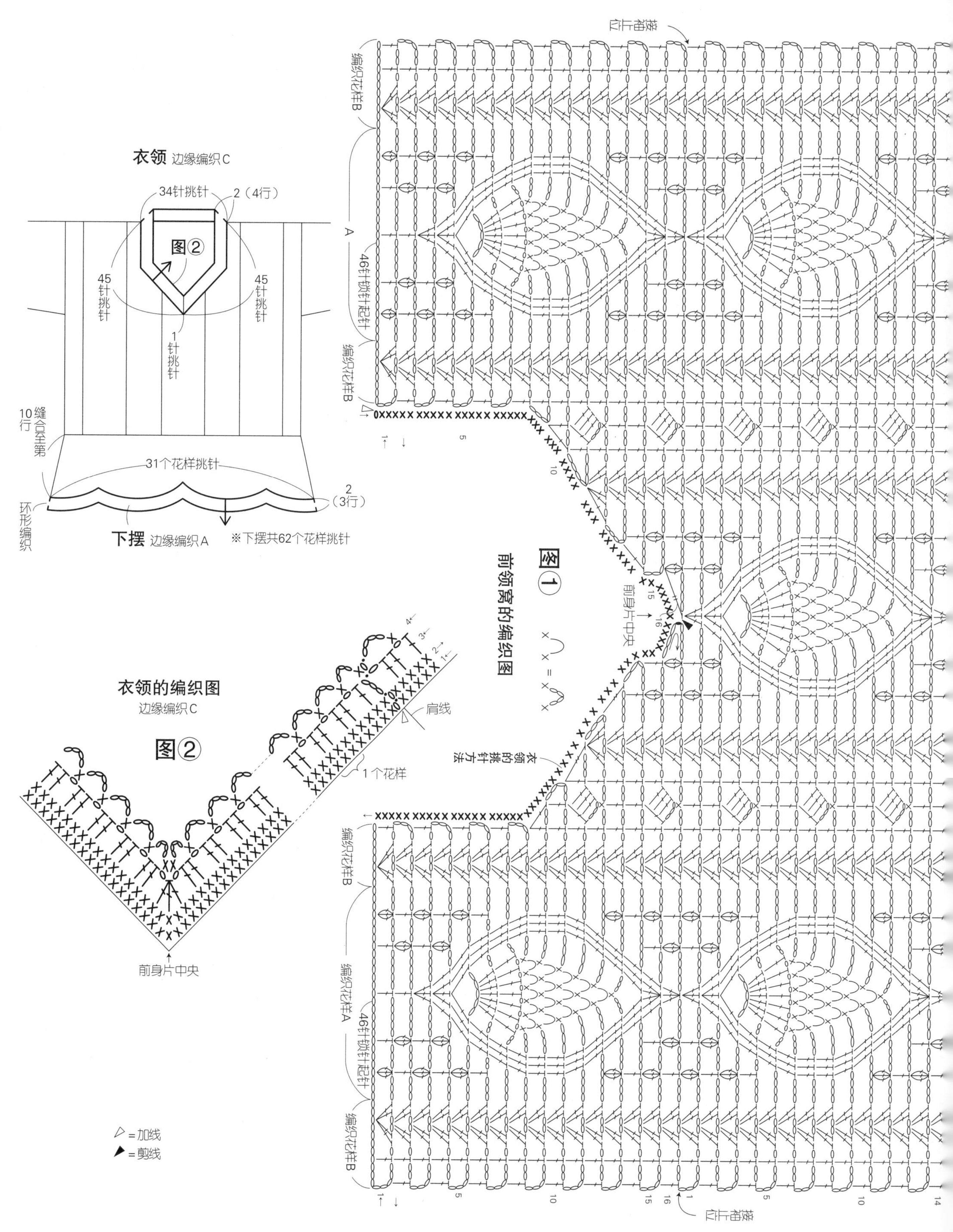

衣领 边缘编织C
34针挑针
2（4行）
图②
45针挑针
45针挑针
1针挑针
10行缝合至第
31个花样挑针
2（3行）
环形编织
下摆 边缘编织A
※下摆共62个花样挑针
衣领的编织图
边缘编织C
图②
肩线
1个花样
前身片中央
▷=加线
▶=剪线
图①
前领窝的编织图
接袖止位
编织花样B
A
46针锁针起针
编织花样A
前身片中央
衣领的挑针方法

衣袖的编织图

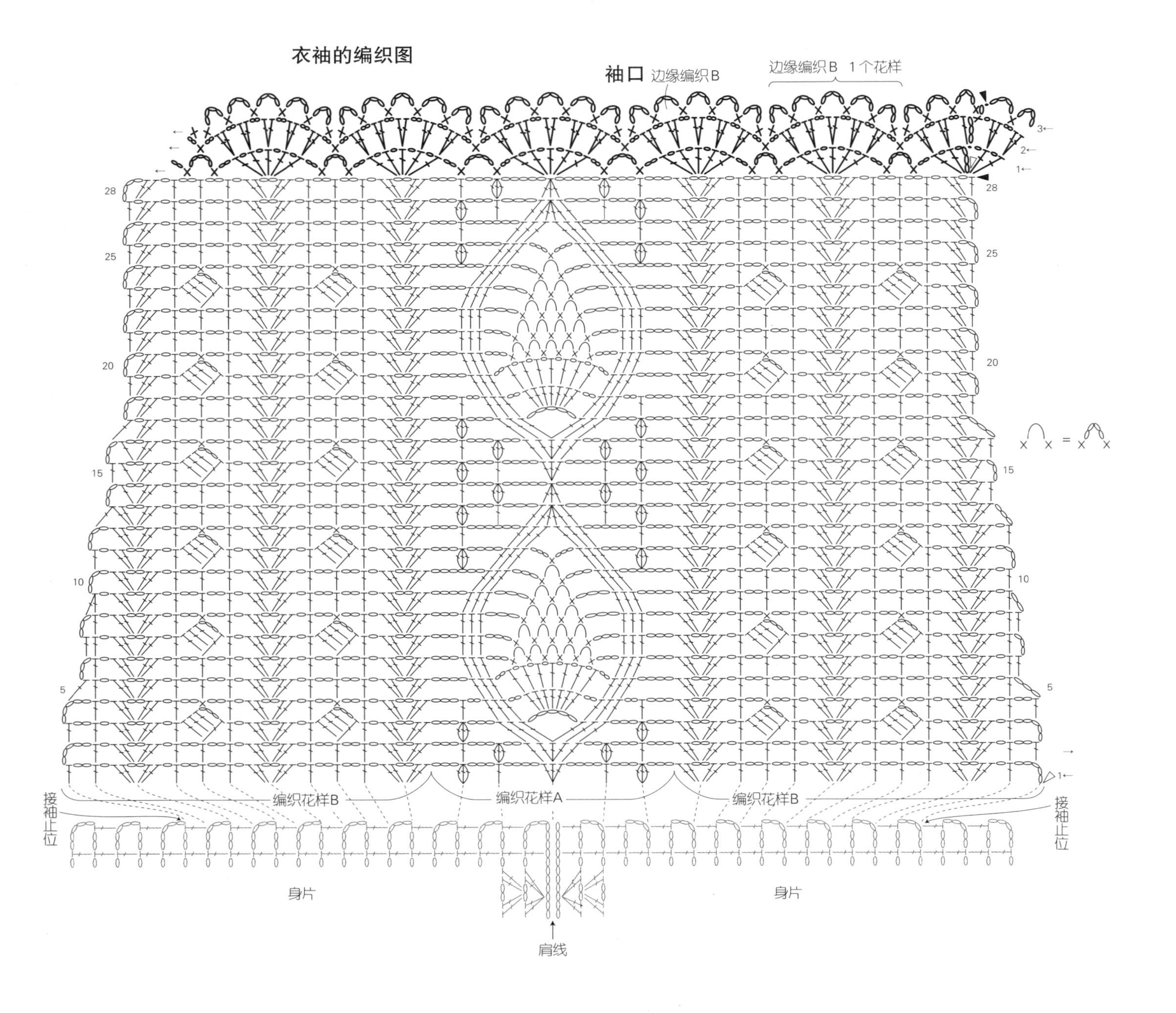

袖口 边缘编织B
边缘编织B 1个花样
28
25
20
15
10
5
3
2
1
编织花样B
编织花样A
编织花样B
接袖止位
接袖止位
身片
身片
肩线
△=加线
▲=剪线

8页 6

＊材料
和麻纳卡 ALPACA MOHAIR FINE
蓝色（8）220g
＊配件
纽扣（直径 1.8cm）3 颗
＊工具
和麻纳卡 AMIAMI 双头钩针 RAKURAKU 4/0 号
＊编织密度
10cm×10cm 面积内：编织花样 A 1 个花样，10 行
＊成品尺寸
胸围 104cm，衣长 57.5cm，肩背宽 40cm，袖长 40cm

＊编织方法

1. 锁针起针，从肩部开始，按编织花样 A 依次钩织右前身片、后身片、左前身片，钩织至袖窿下方。在胁线处，左前身片、后身片、右前身片一起按编织花样 A、B 钩织。
2. 锁针起针，按编织花样 A 钩织衣袖。
3. 肩部做卷针缝合。
4. 袖下做卷针缝合。
5. 衣领、前门襟按编织花样 C 钩织，从前门襟、衣领、下摆挑针，分别钩织边缘编织 A、B、C。
6. 袖口钩织编织花样 B、边缘编织 C 成环形。
7. 衣袖和身片做卷针缝缝合。
8. 缝上纽扣。

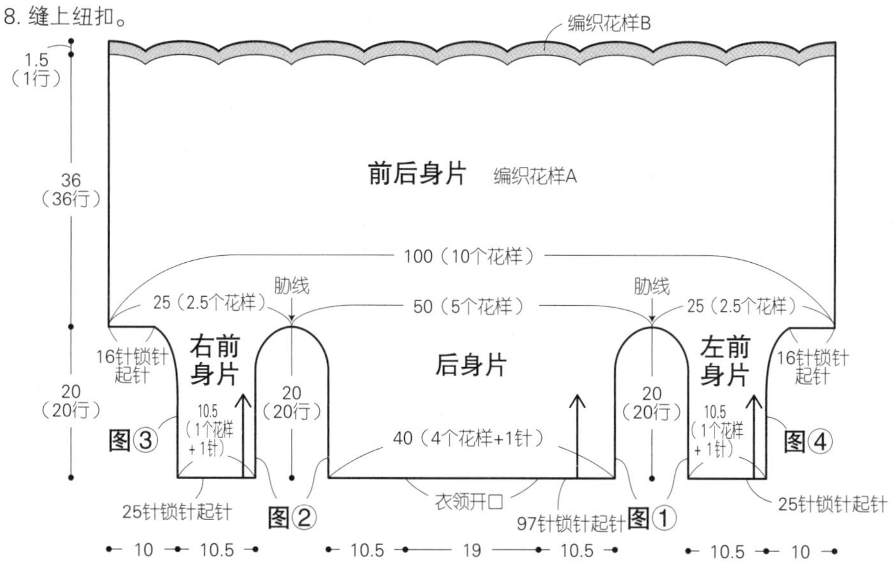

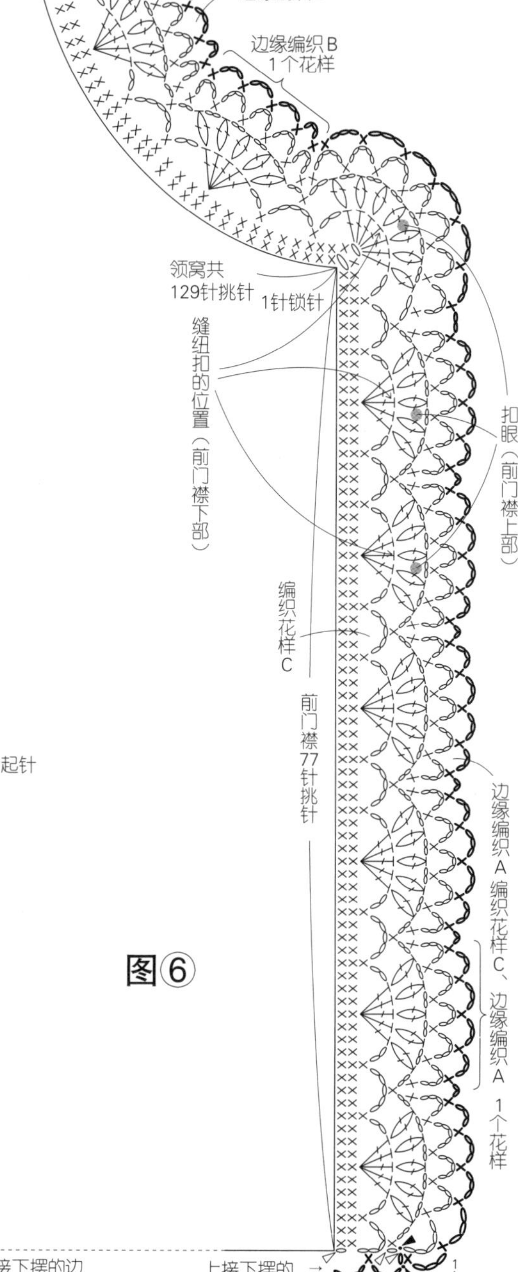

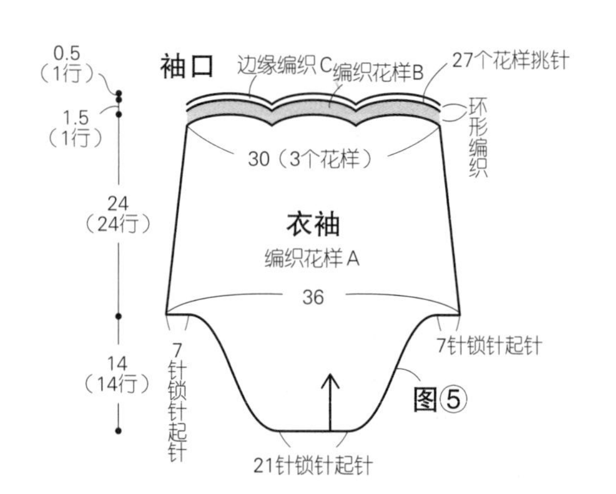

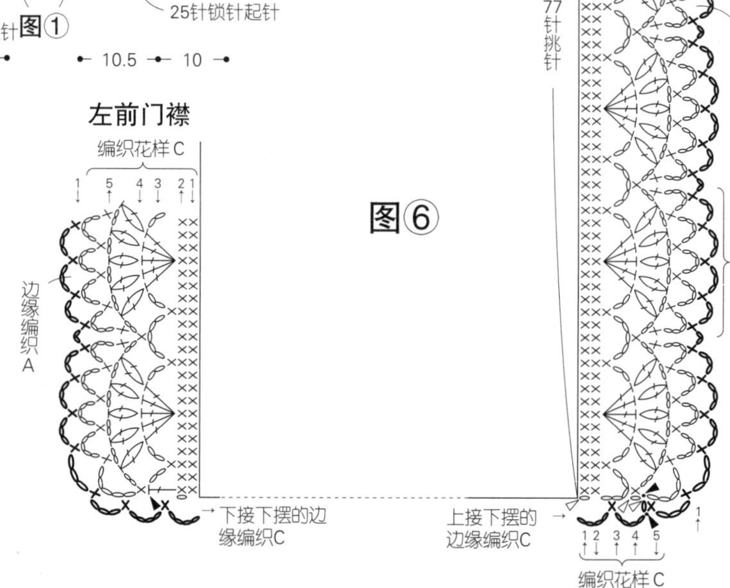

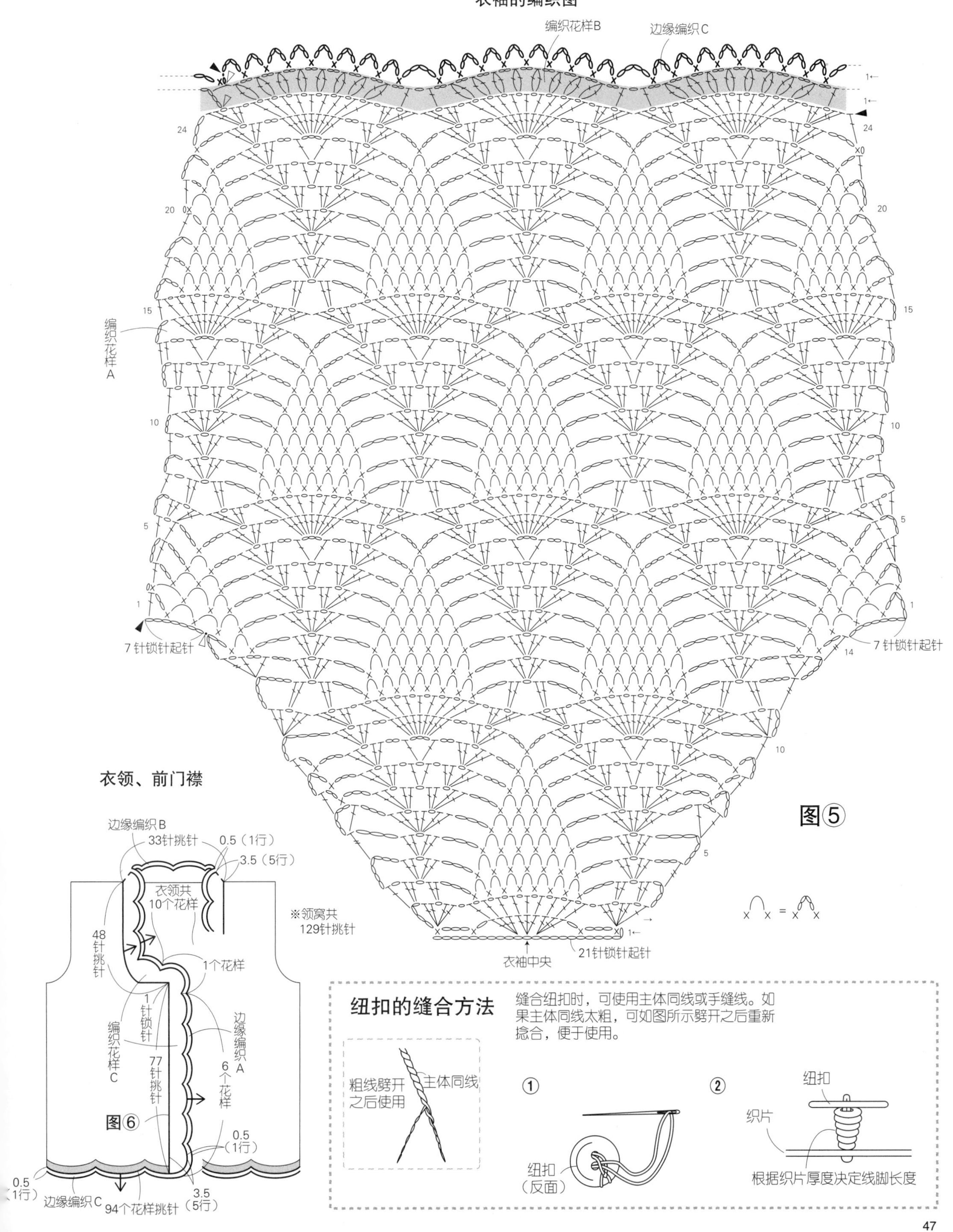
衣袖的编织图
编织花样B
边缘编织C
编织花样A
24
20
15
10
5
1
14
7针锁针起针
7针锁针起针
21针锁针起针
衣袖中央
图⑤
衣领、前门襟
边缘编织B
33针挑针
0.5（1行）
3.5（5行）
衣领共10个花样
※领窝共129针挑针
48针挑针
1个花样
1针锁针
编织花样C
77针挑针
边缘编织A
6个花样
图⑥
0.5（1行）
3.5（5行）
边缘编织C
94个花样挑针
纽扣的缝合方法
缝合纽扣时，可使用主体同线或手缝线。如果主体同线太粗，可如图所示劈开之后重新捻合，便于使用。
粗线劈开之后使用
主体同线
①
②
纽扣（反面）
纽扣
织片
根据织片厚度决定线脚长度

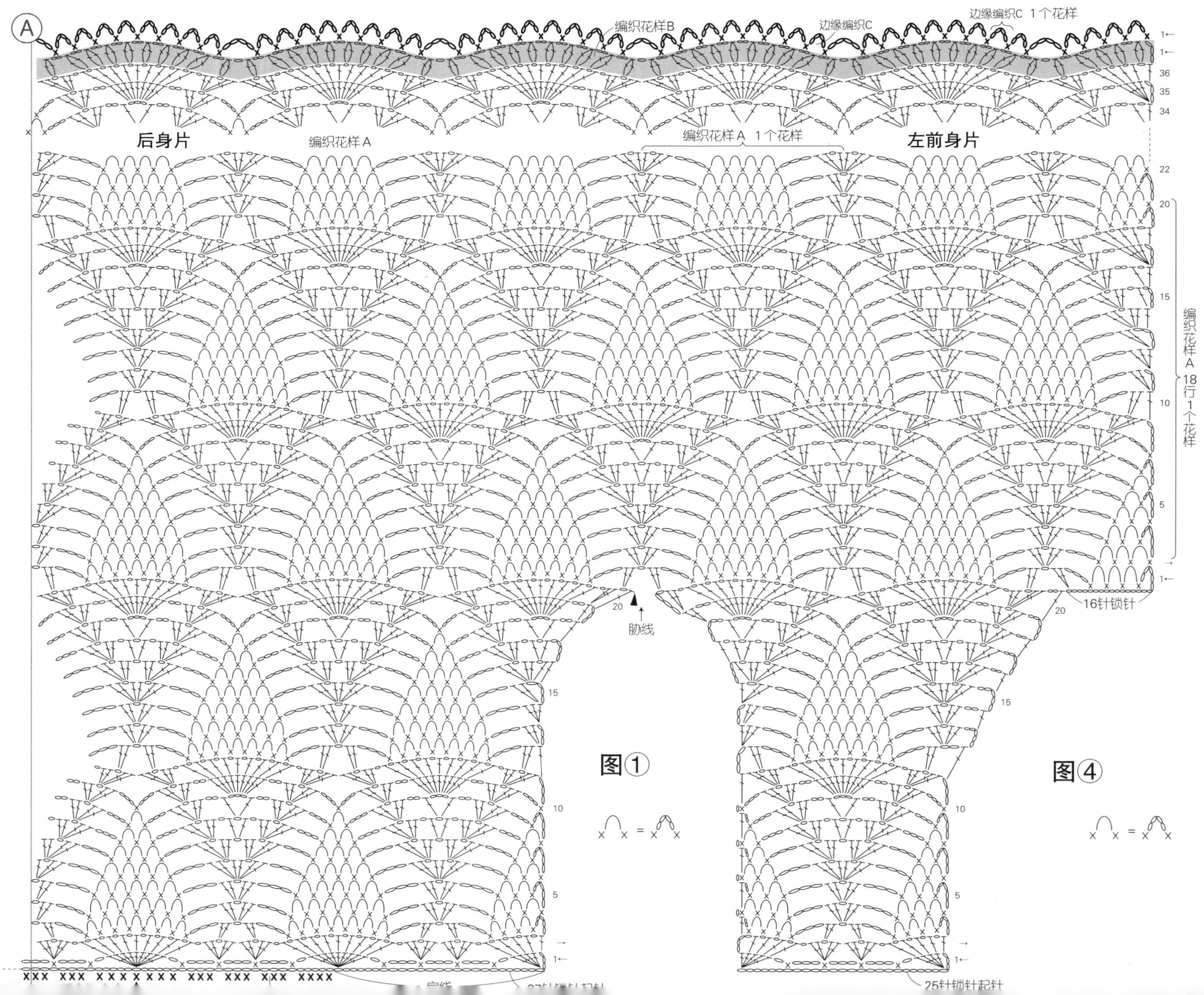

Ⓐ

编织花样B

边缘编织C

边缘编织C 1个花样

后身片

编织花样A

编织花样A 1个花样

左前身片

编织花样A 18行1个花样

16针锁针

胁线

图①

图④

25针锁针起针

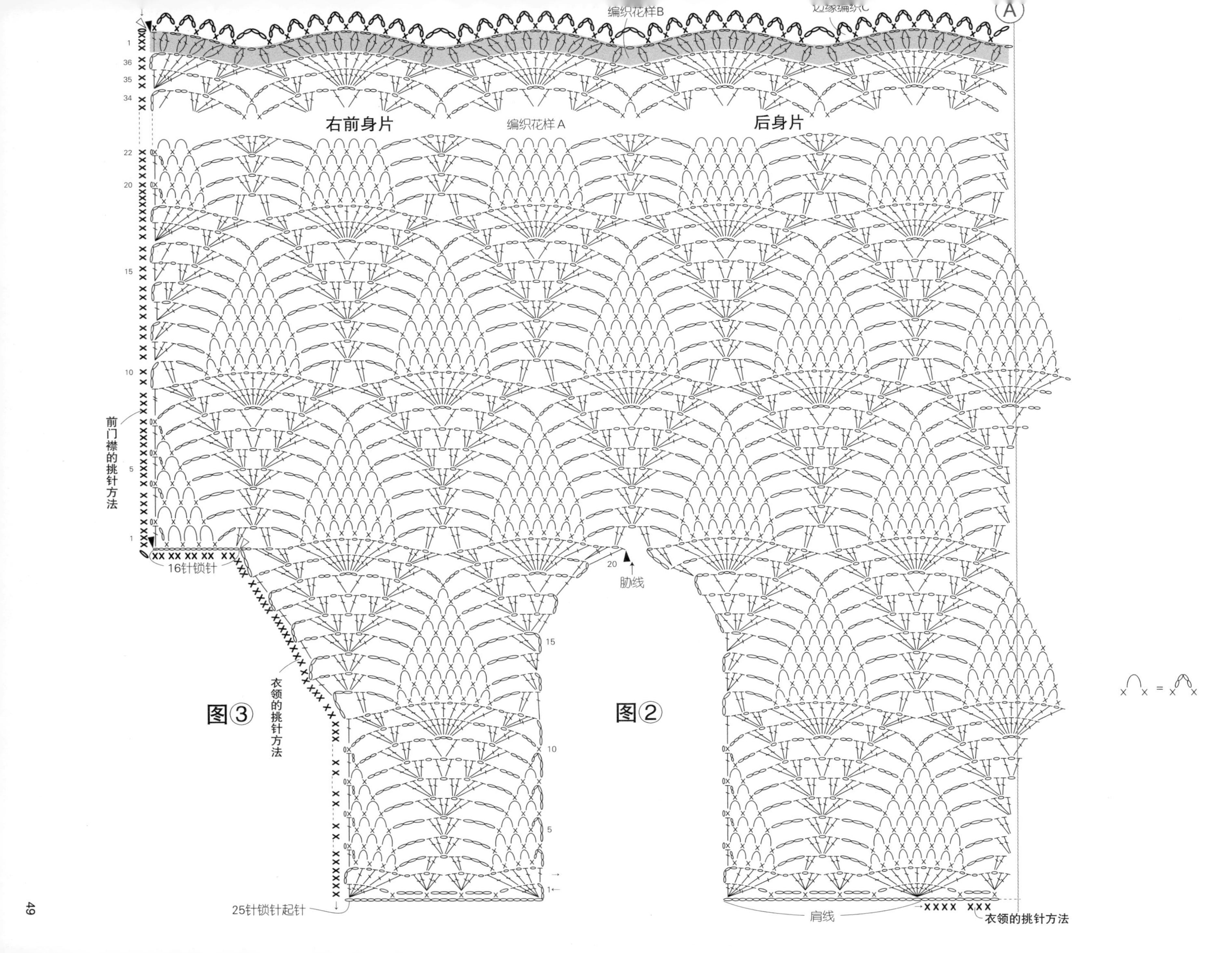
A
编织花样B
边缘编织C
右前身片
编织花样A
后身片
前门襟的挑针方法
16针锁针
肋线
图③
衣领的挑针方法
图②
25针锁针起针
肩线
衣领的挑针方法

9页 **7**

* **材料**

和麻纳卡 ALPACA MOHAIR FINE

紫色（10）195g

* **配件**

纽扣（直径 2.3cm）1 颗

* **工具**

和麻纳卡 AMIAMI 双头钩针 RAKURAKU 4/0 号

* **编织密度**

编织花样 A：10cm 为 26.5 针，10cm 为 9 行

编织花样 B：8cm 为 1 个花样，10cm 为 9 行

编织花样 C、C'：17cm 为 1 个花样，10cm 为 9 行

* **成品尺寸**

胸围 95cm，衣长 65cm，肩背宽 35.6cm

* **编织方法**

1. 锁针起针，按编织花样 A、B 钩织后身片。
2. 锁针起针，按编织花样 A、C 钩织右前身片，按编织花样 A、C' 钩织左前身片。
3. 后领窝钩织边缘编织 A。
4. 肩部做卷针缝合。
5. 胁部钩织 3 针锁针和引拔针接合。
6. 下摆钩织边缘编织 B。
7. 袖窿钩织边缘编织 C 成环形。

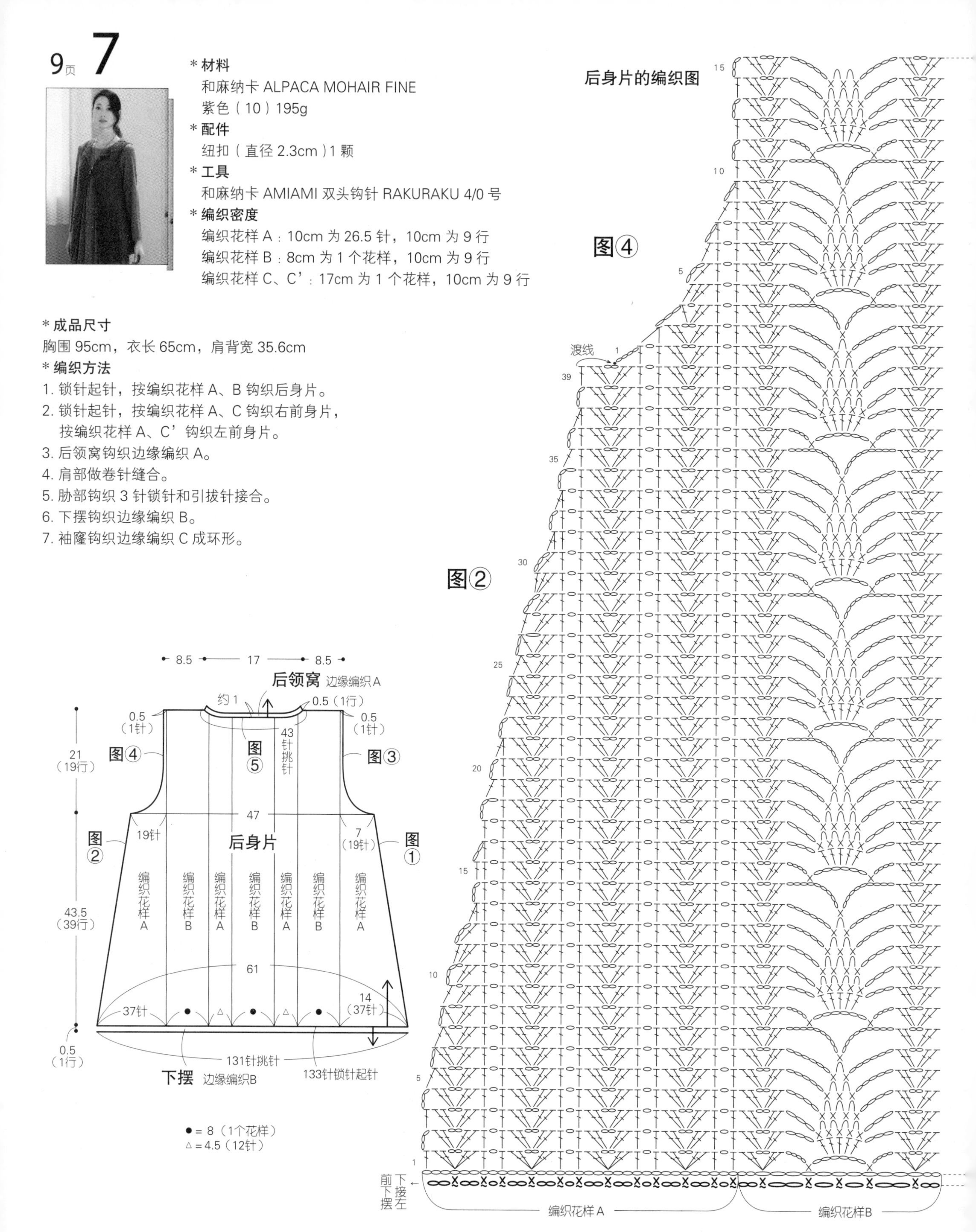

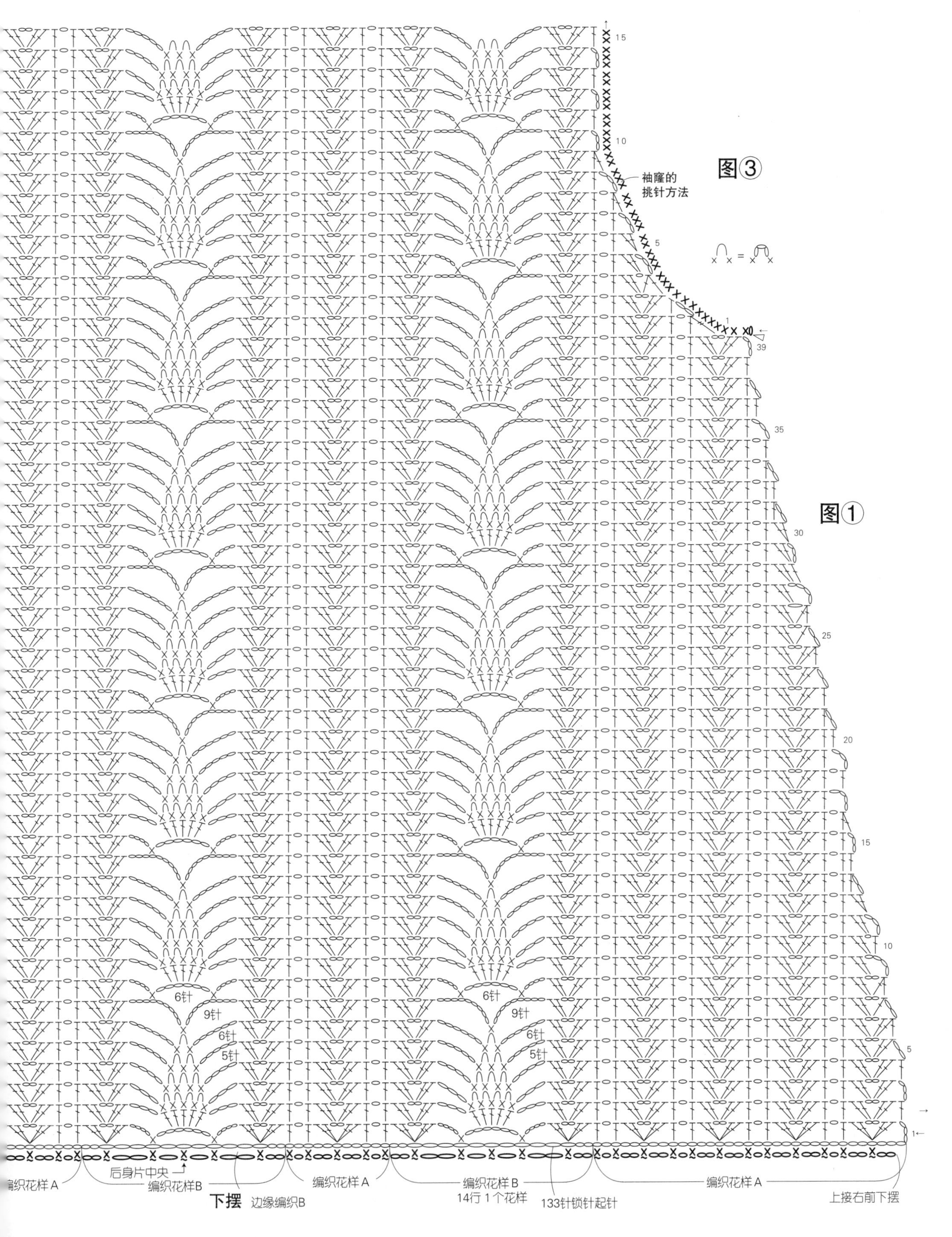

图③
袖窿的
挑针方法
图①
6针
9针
6针
5针
编织花样 A
后身片中央
编织花样B
编织花样 A
编织花样 B
14行 1 个花样
133针锁针起针
编织花样 A
上接右前下摆
下摆 边缘编织B

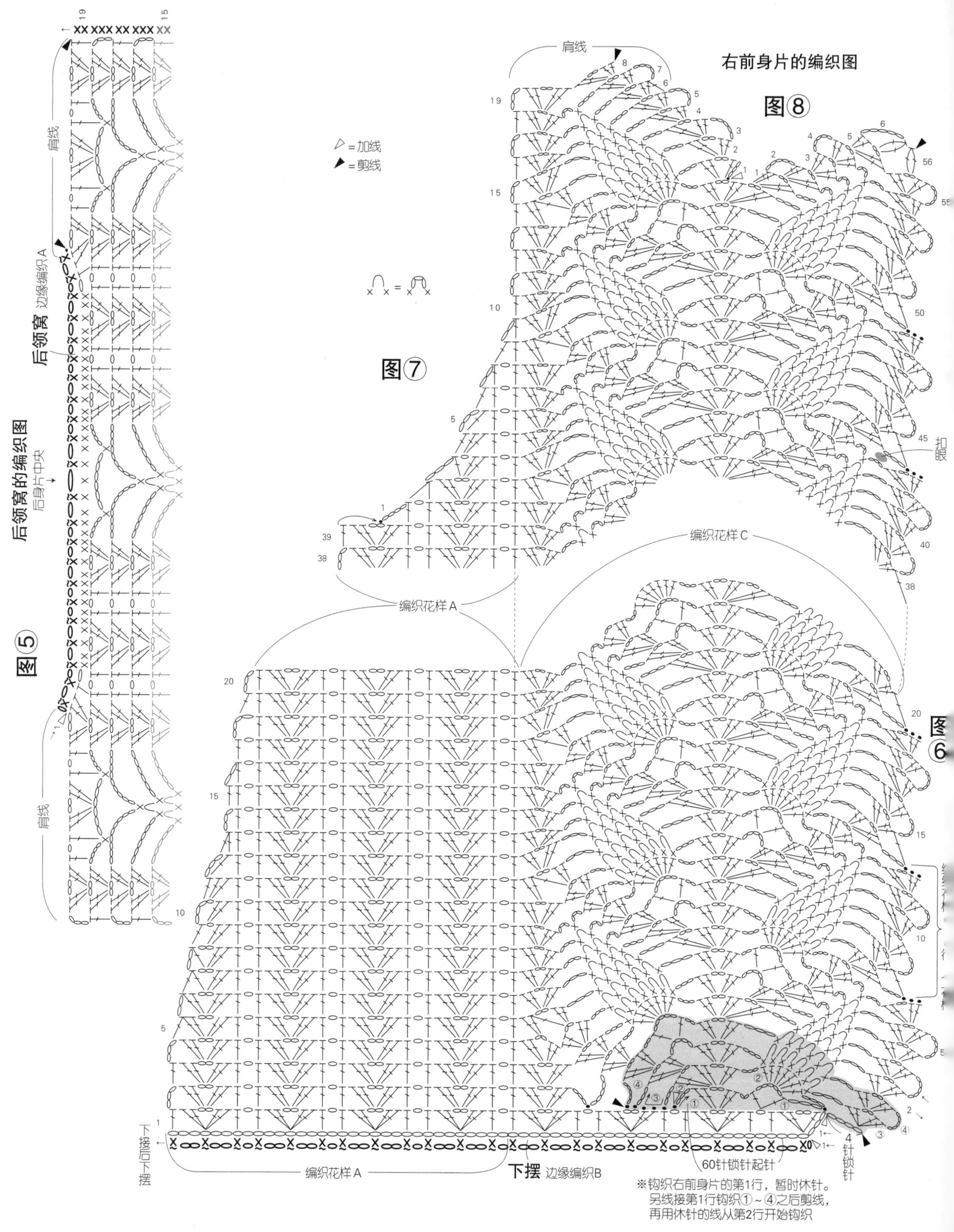

右前身片的编织图
图⑧
肩线
图⑦
加线
剪线
图⑤
后领窝的编织图
后身片中央
后领窝 边缘编织A
肩线
扣眼
编织花样C
编织花样A
图⑥
编织花样A
下摆 边缘编织B
60针锁针起针
4针锁针
挑1回接下
※钩织右前身片的第1行，暂时休针。
另线接第1行钩织①～④之后剪线，
再用休针的线从第2行开始钩织

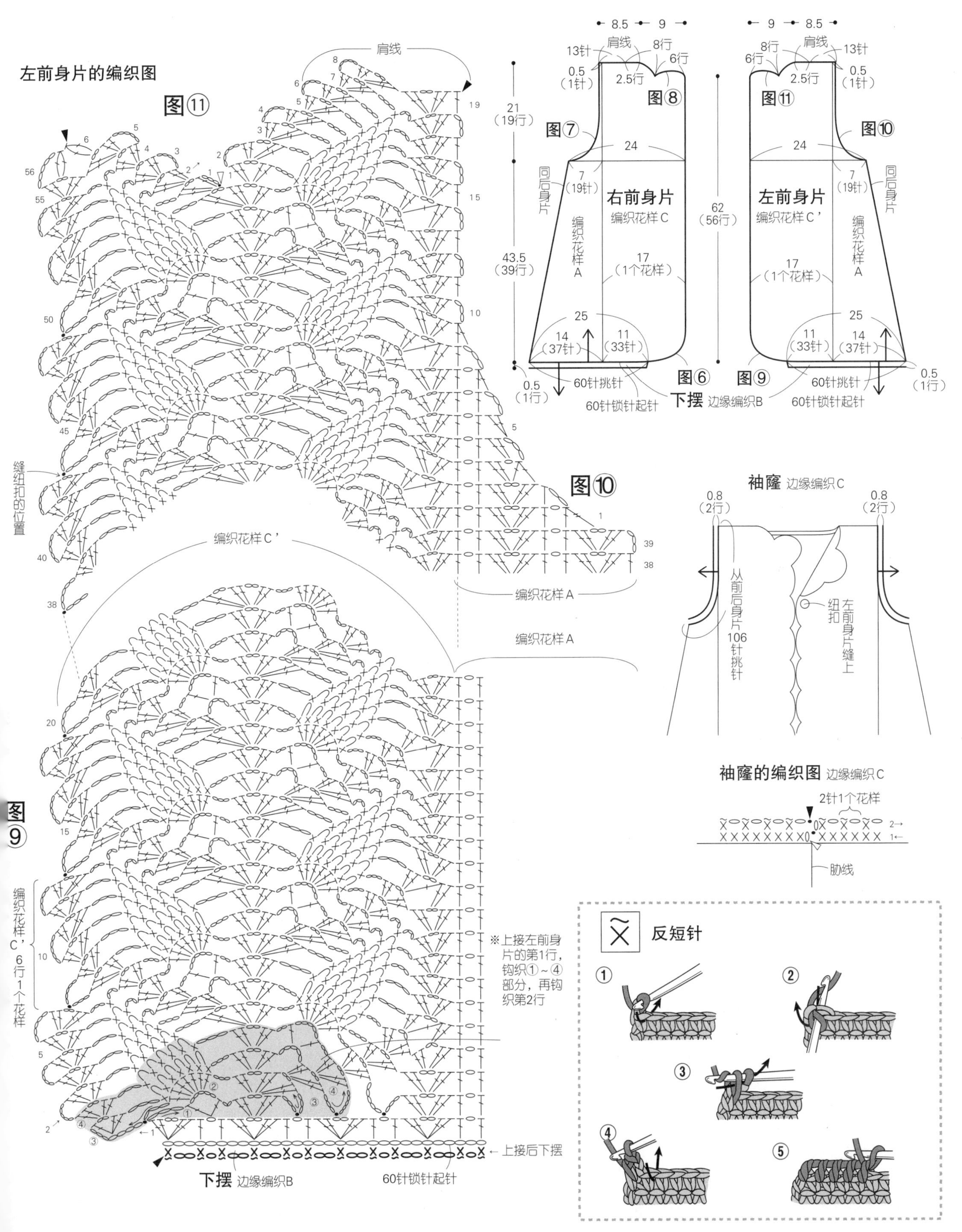

左前身片的编织图
图⑪
肩线
图⑩
编织花样C'
编织花样A
缝纽扣的位置
图⑨
编织花样C'6行1个花样
※上接左前身片的第1行，钩织①~④部分，再钩织第2行
上接后下摆
下摆 边缘编织B
60针锁针起针
8.5
9
13针
肩线
8行
6行
0.5（1针）
2.5行
图⑧
图⑦
24
同后身片
7（19针）
右前身片
编织花样C
编织花样A
21（19行）
43.5（39行）
17（1个花样）
25
14（37针）
11（33针）
0.5（1行）
60针挑针
60针锁针起针
图⑥
下摆 边缘编织B
62（56行）
图⑪
图⑩
左前身片
编织花样C'
图⑨
袖窿 边缘编织C
0.8（2行）
从前后身片106针挑针
纽扣
左前身片缝上
袖窿的编织图 边缘编织C
2针1个花样
胁线
反短针

7页 5

＊材料

和麻纳卡 ALPACA MOHAIR FINE

浅褐色（3）175g

＊工具

和麻纳卡 AMIAMI 双头钩针 RAKURAKU 4/0 号

＊编织密度

编织花样 A：3cm 为 1 个花样，10cm 为 15 行

编织花样 B：3cm 为 1 个花样，10cm 为 14.5 行

＊成品尺寸

胸围 90cm，衣长 62.5cm，肩背宽 33cm

＊编织方法

1. 锁针起针，按编织花样 A、B 钩织后身片。
2. 同后身片一样编织前身片，最终行连续编织接合肩线。
3. 胁部钩织锁针和引拔针接合。
4. 下摆钩织边缘编织 A 成环形。
5. 衣领钩织边缘编织 B 成环形。
6. 袖窿钩织边缘编织 C 成环形。

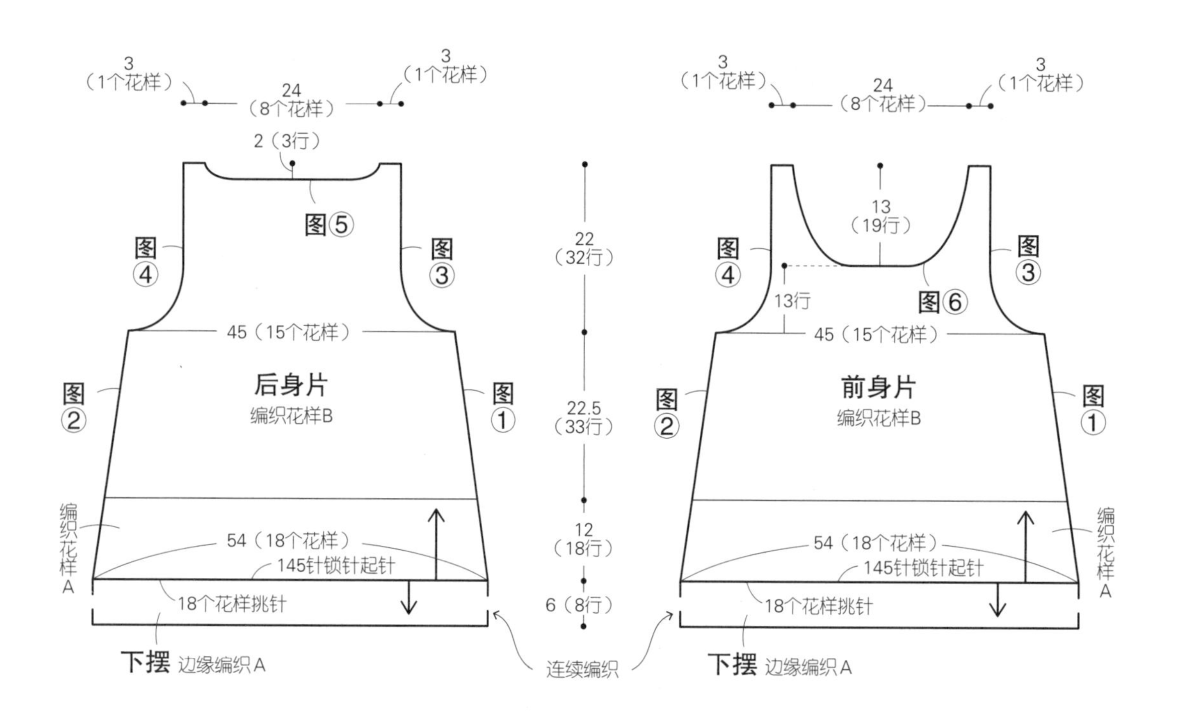

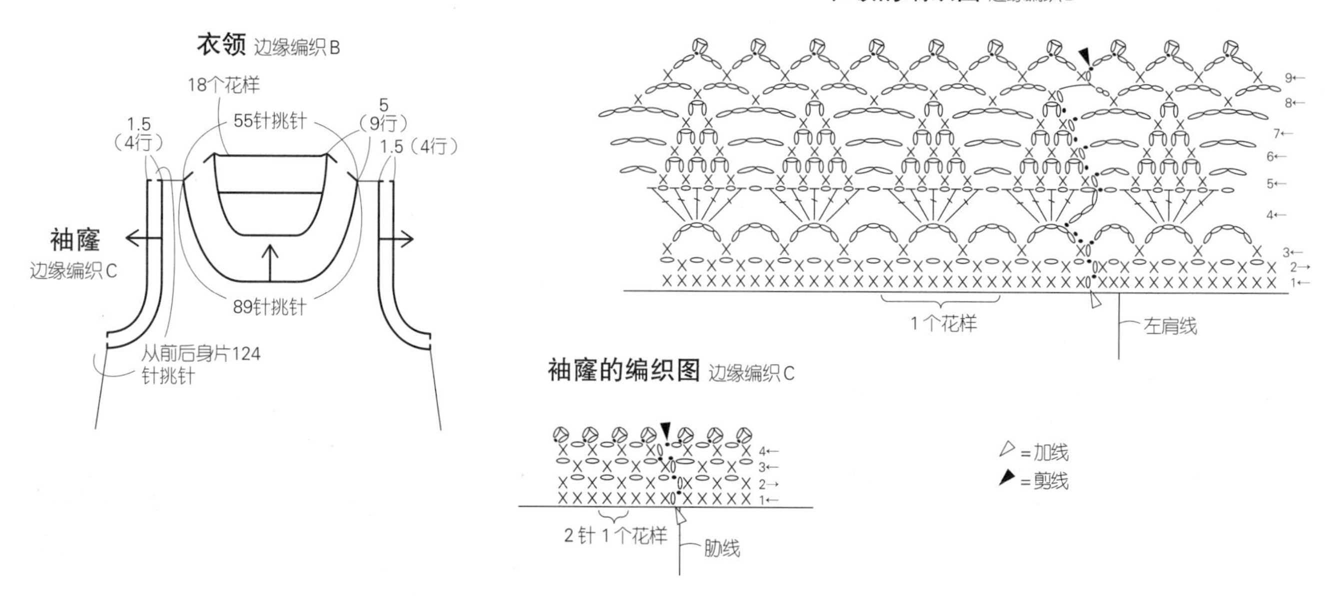

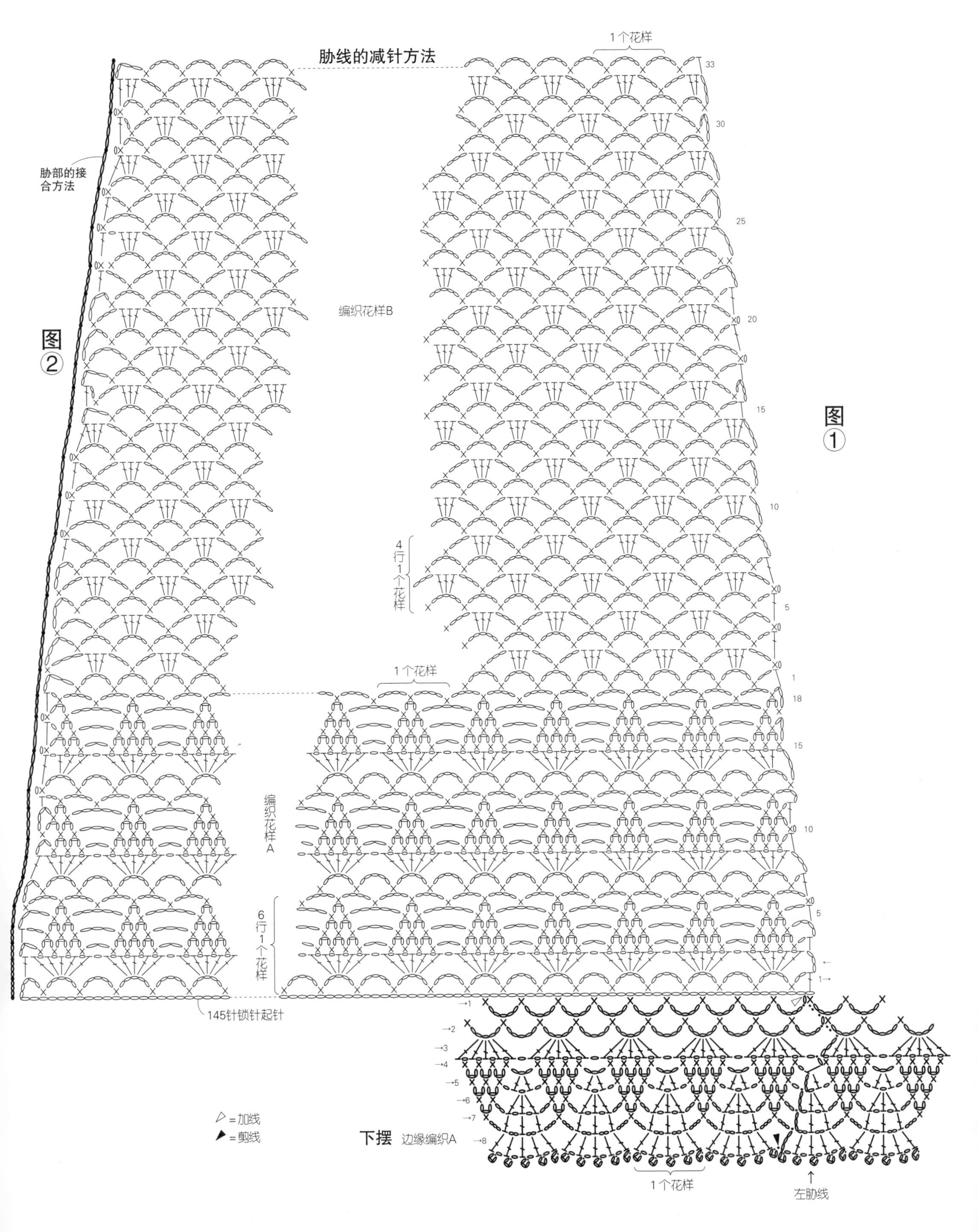

肋线的减针方法
1个花样
33
30
25
20
15
10
5
1
肋部的接合方法
图②
编织花样B
图①
4行1个花样
1个花样
18
15
10
5
1→
编织花样A
6行1个花样
145针锁针起针
→1
→2
→3
→4
→5
→6
→7
→8
=加线
=剪线
下摆 边缘编织A
1个花样
左肋线

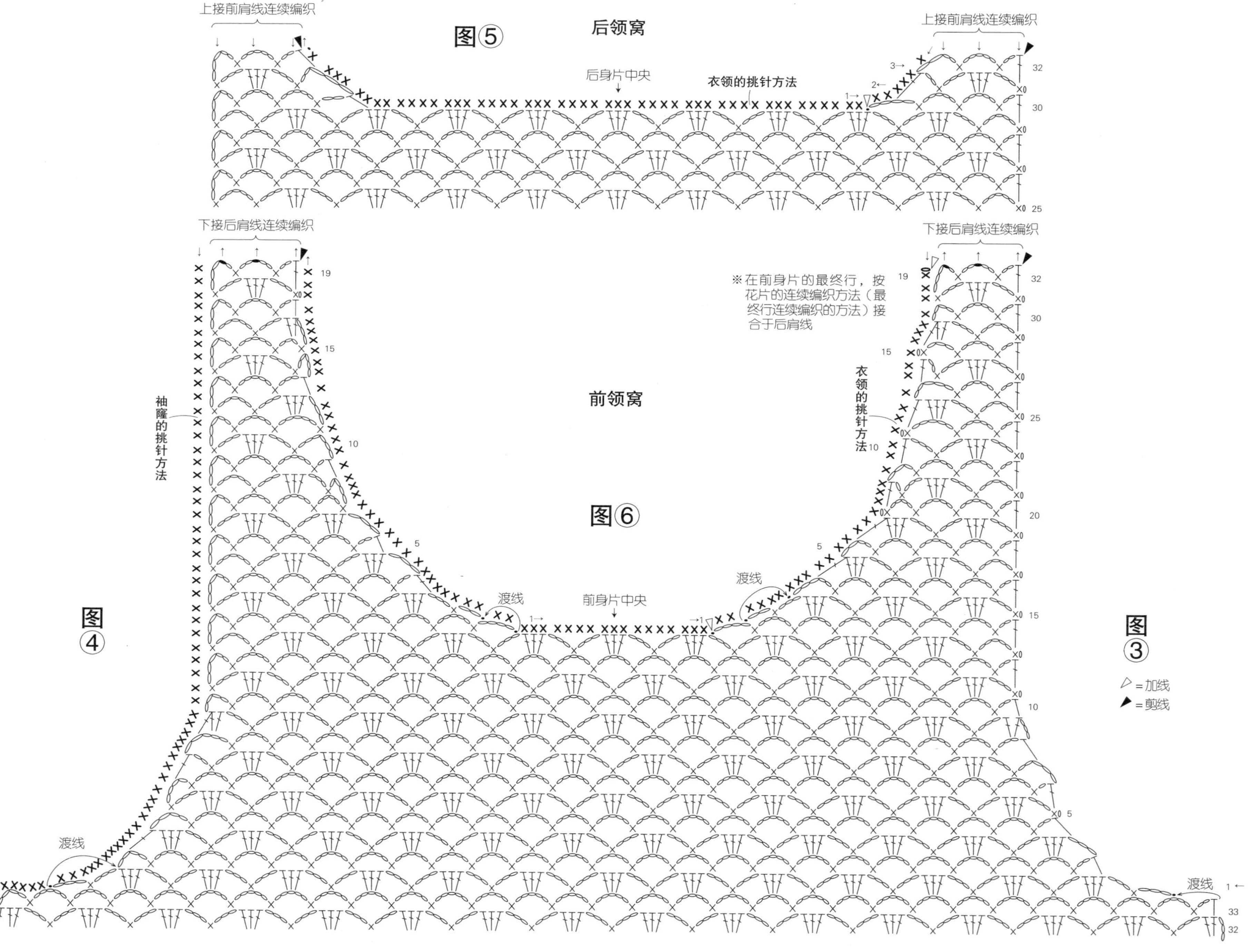
图⑤
后领窝
上接前肩线连续编织
后身片中央
衣领的挑针方法
上接前肩线连续编织
下接后肩线连续编织
下接后肩线连续编织
※在前身片的最终行，按花片的连续编织方法（最终行连续编织的方法）接合于后肩线
前领窝
袖窿的挑针方法
衣领的挑针方法
图⑥
渡线
前身片中央
渡线
图④
图③
△=加线
▲=剪线
渡线
渡线

8

＊材料

和麻纳卡 ALPACA MOHAIR FINE
黑色（20）140g

＊工具

和麻纳卡 AMIAMI 双头钩针 RAKURAKU 4/0 号、2/0 号

＊编织密度

编织花样 B：12.5cm 为 1.5 个花样，10cm 为 10.5 行

＊成品尺寸

胸围 100cm，衣长 56cm，连肩袖长 26.5cm

＊编织方法

1. 锁针起针连接成环，按编织花样 A 钩织育克。
2. 从育克挑针，分别按编织花样 B、C 钩织前后身片。
3. 胁部钩织 3 针锁针和引拔针接合。
4. 下摆钩织边缘编织 A 成环形。
5. 衣领钩织边缘编织 B 成环形。
6. 袖口钩织边缘编织 C。

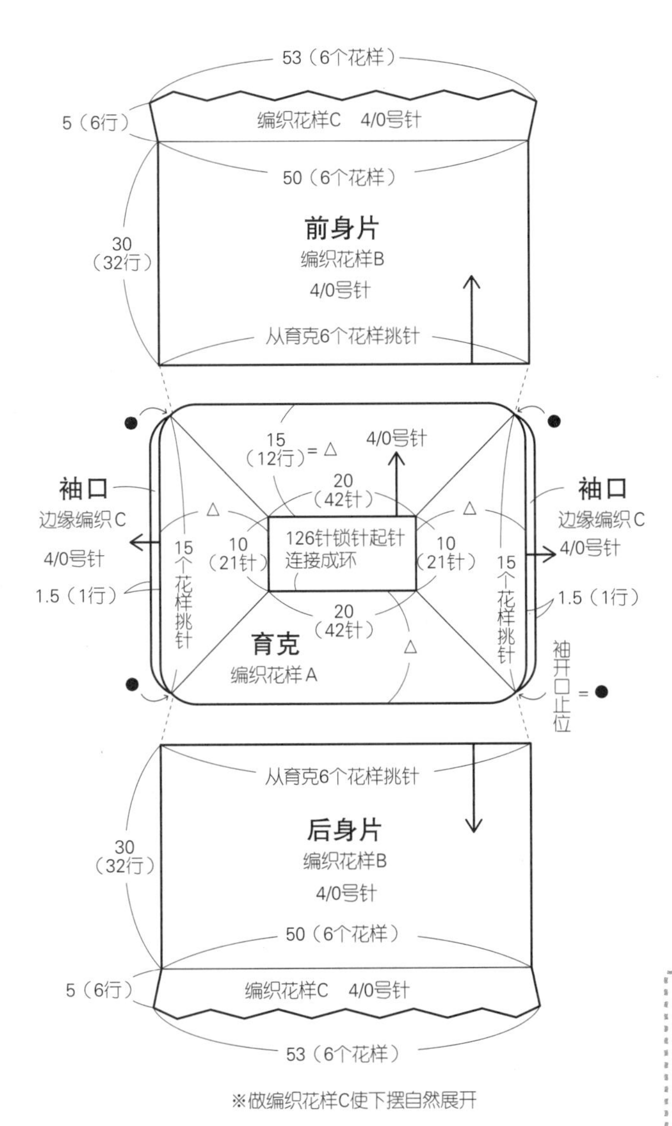

※做编织花样C使下摆自然展开

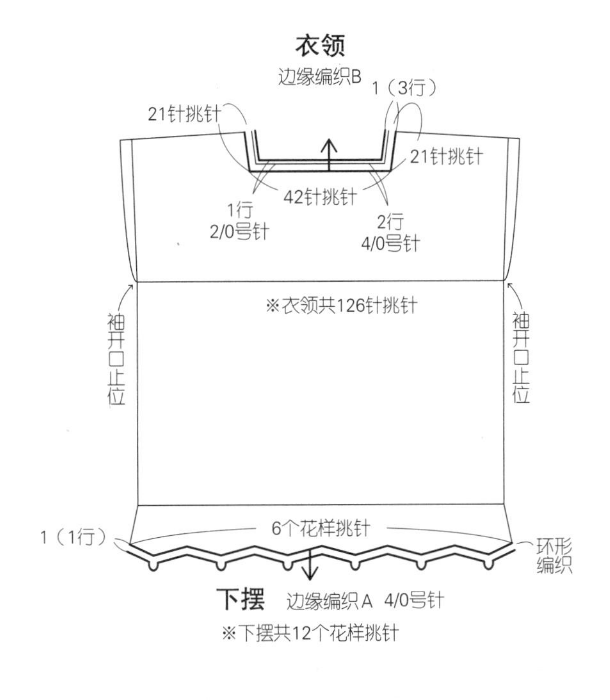

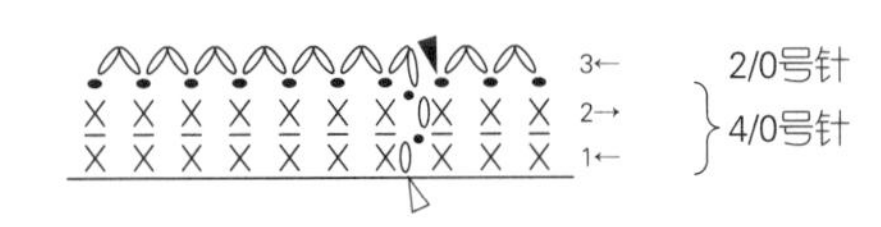

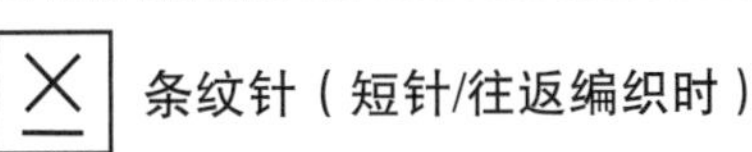

条纹针（短针/往返编织时）

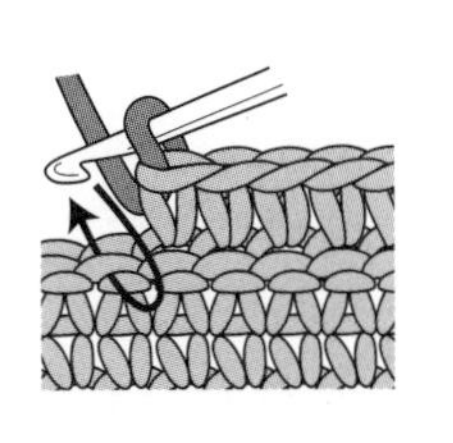

钩针插入上一行锁针的前面1根线。

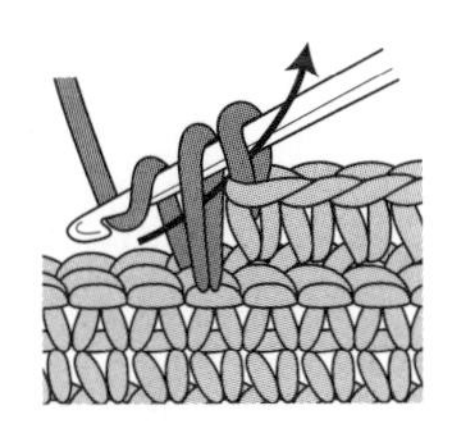

钩织短针。

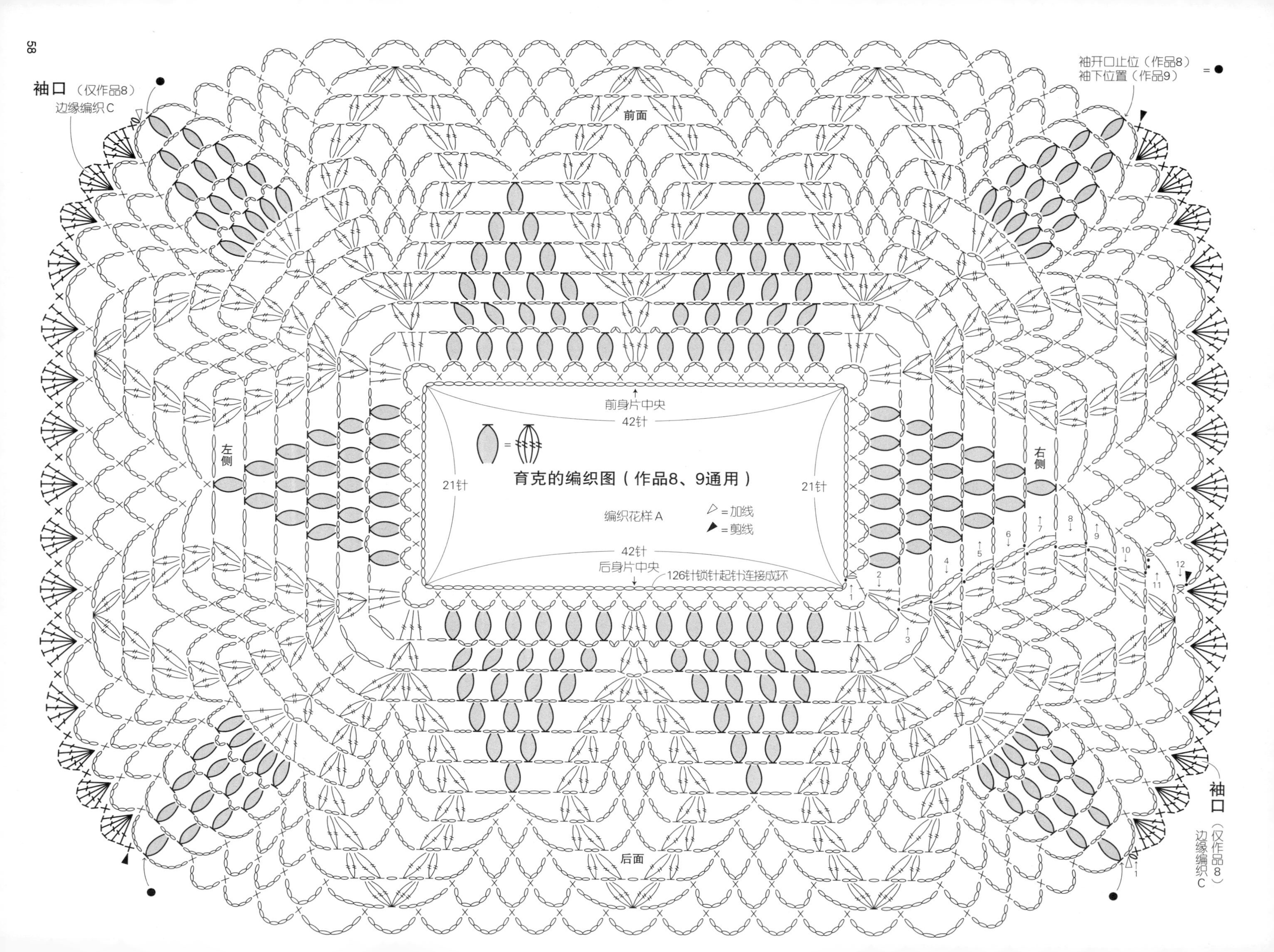

袖口（仅作品8）
边缘编织C
袖开口止位（作品8）
袖下位置（作品9）
=●
前面
左侧
右侧
前身片中央
42针
21针
21针
育克的编织图（作品8、9通用）
编织花样A
▷=加线
◀=剪线
42针
后身片中央
126针锁针起针连接成环
1
2
3
4
5
6
7
8
9
10
11
12
后面
袖口（仅作品8）
边缘编织C

前后身片的编织图

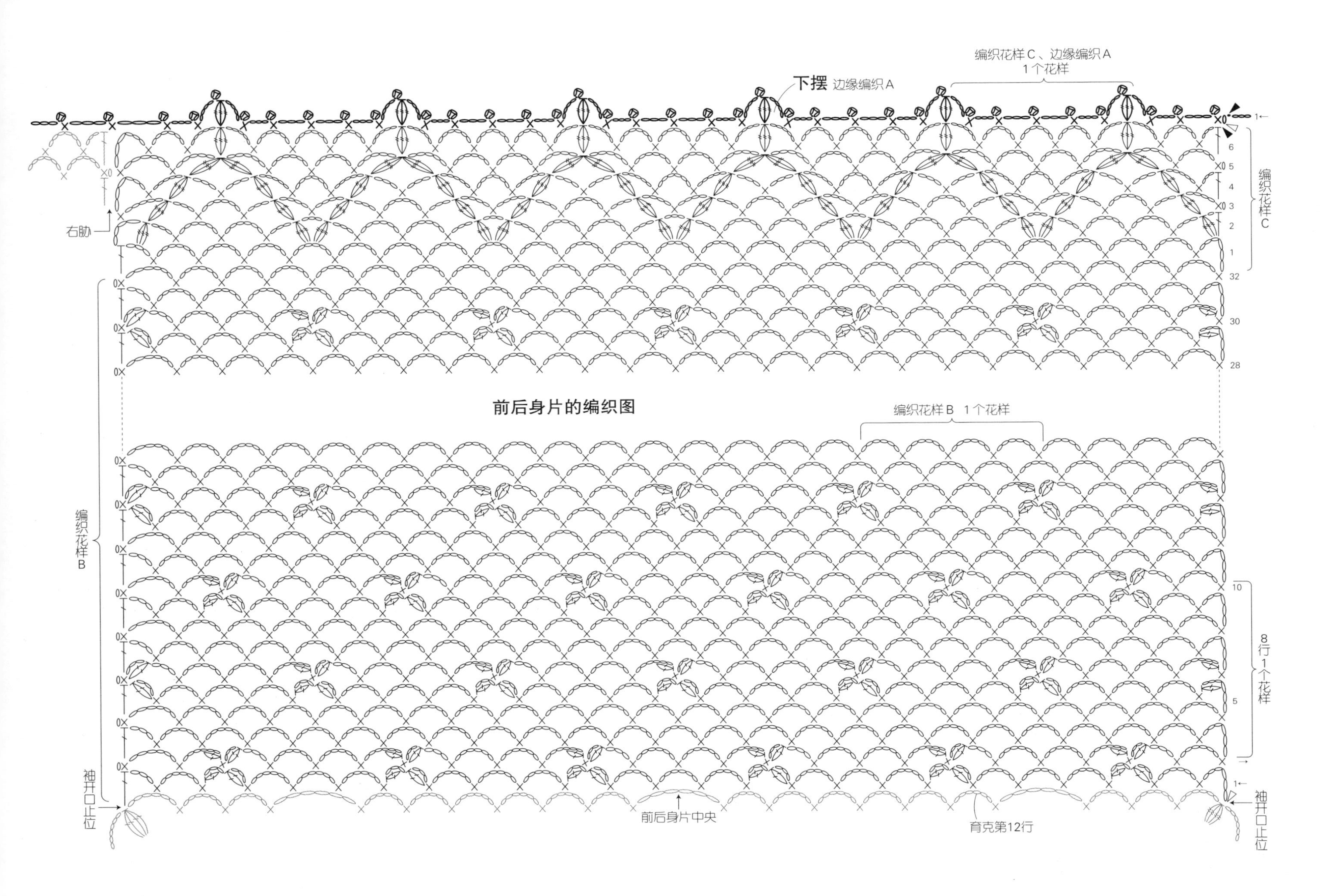
编织花样C、边缘编织A
1个花样
下摆 边缘编织A
右胁
编织花样C
编织花样B 1个花样
编织花样B
8行1个花样
袖开口止位
前后身片中央
育克第12行
袖开口止位

11页 9

＊材料

和麻纳卡 ALPACA MOHAIR FINE

亮蓝色（9）135g

＊工具

和麻纳卡 AMIAMI 双头钩针 RAKURAKU 4/0 号、2/0 号

＊编织密度

编织花样 B：12.5cm 为 1 个花样，10cm 为 6.5 行

＊成品尺寸

胸围 100cm，衣长 50.5cm，连肩袖长 40.5cm

＊编织方法

1. 锁针起针连接成环，按编织花样 A 钩织育克。
2. 从育克挑针，分别按编织花样 B 钩织前后身片、左右袖。
3. 胁部、袖下钩织锁针和引拔针接合。
4. 下摆、袖口钩织边缘编织 A 成环形。
5. 衣领钩织边缘编织 B 成环形。

育克的编织图参见第58页

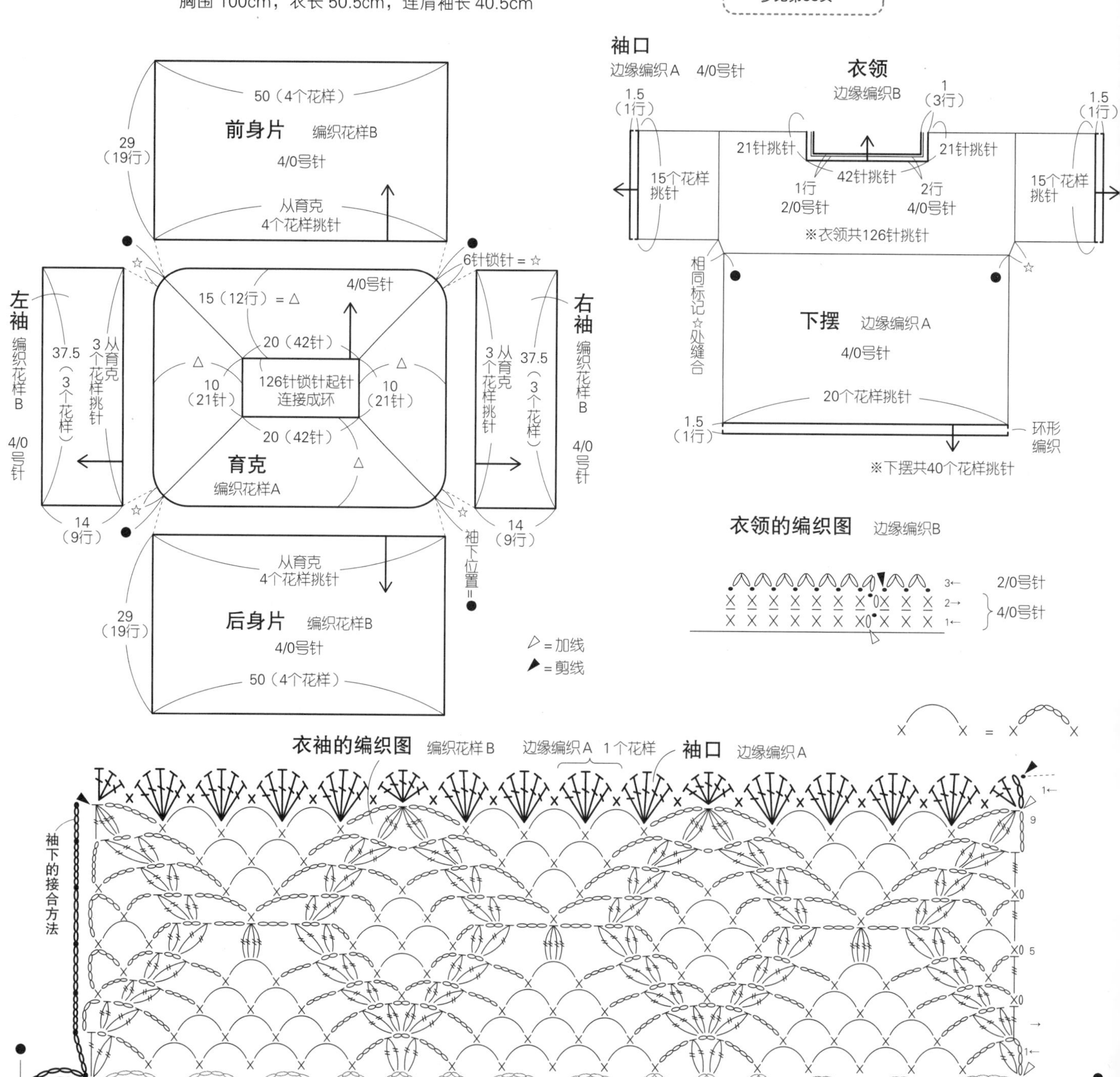

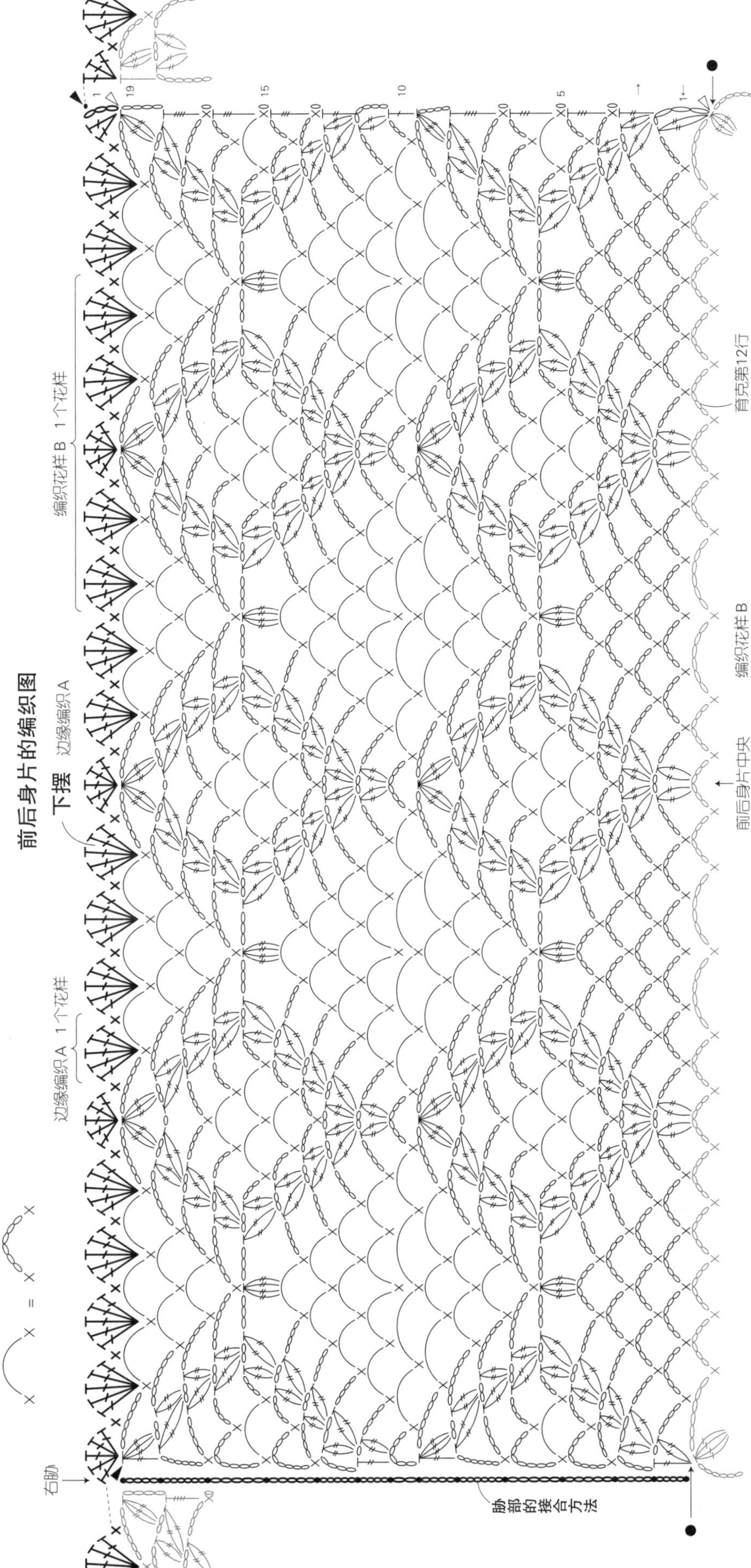
△ = 加线
▲ = 剪线
前后身片的编织图
下摆　边缘编织A
编织花样B　1个花样
边缘编织A　1个花样
育克第12行
编织花样B
前后身片中央
右胁
胁部的接合方法

2针长长针的枣形针的2针并1针
①
钩织2针未完成的“2针长长针的枣形针”。
同样钩织2针未完成的“3针长长针的枣形针”。
②
一并引拔。
③

12页 10

*材料

和麻纳卡 ALPACA MOHAIR FINE

蓝色（19）205g

*工具

和麻纳卡 AMIAMI 双头钩针 RAKURAKU 4/0 号

*编织密度

编织花样 B：1 个花样，10 行

*成品尺寸

胸围 100cm，衣长 56cm

*编织方法

1. 锁针起针连接成环，按编织花样 A 钩织育克。
2. 从育克挑针，按编织花样 B 钩织前后身片成环形，接着按边缘编织 A 钩织下摆。
3. 衣领钩织边缘编织 B 成环形。
4. 袖口钩织边缘编织 C 成环形。

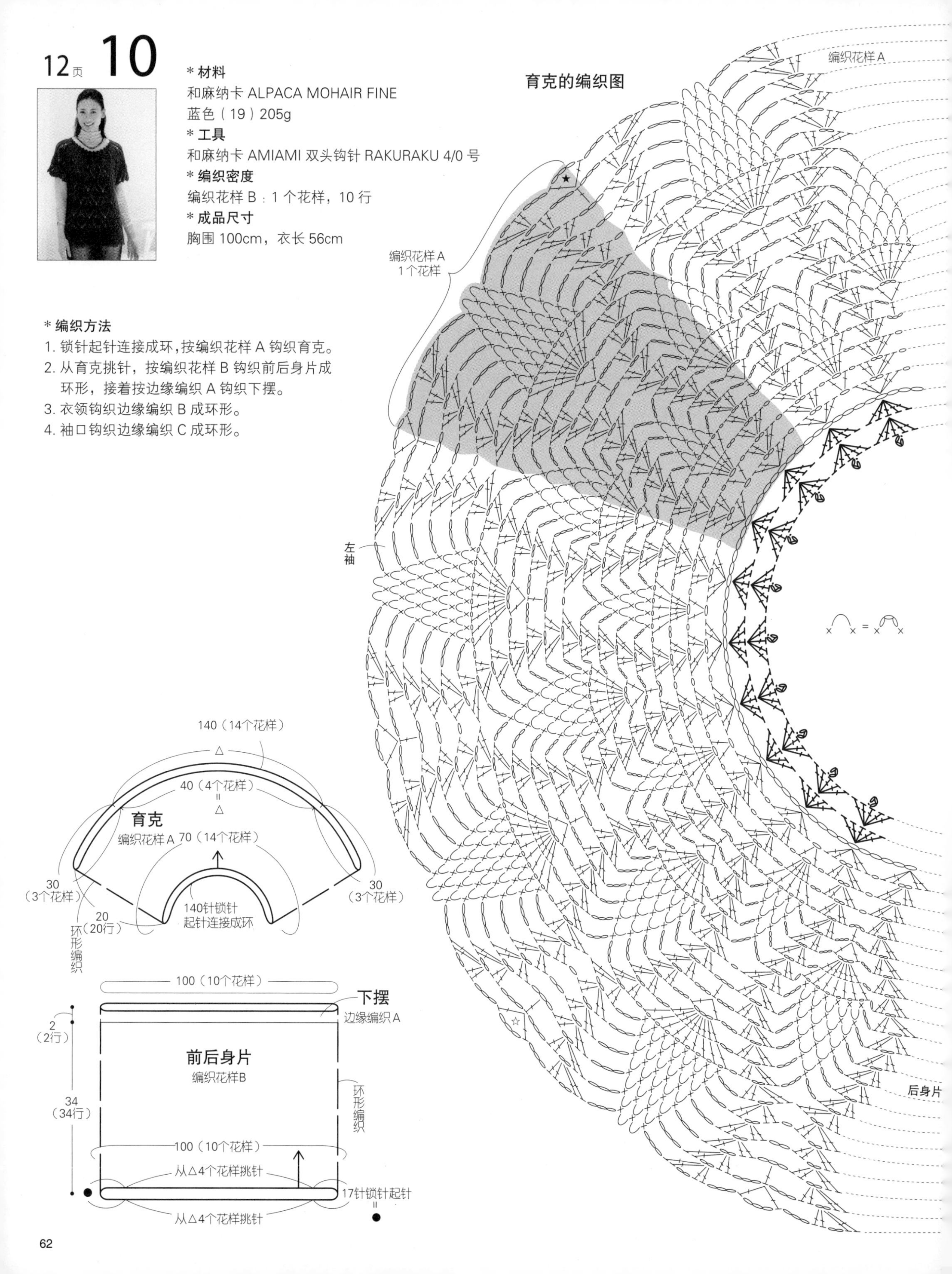

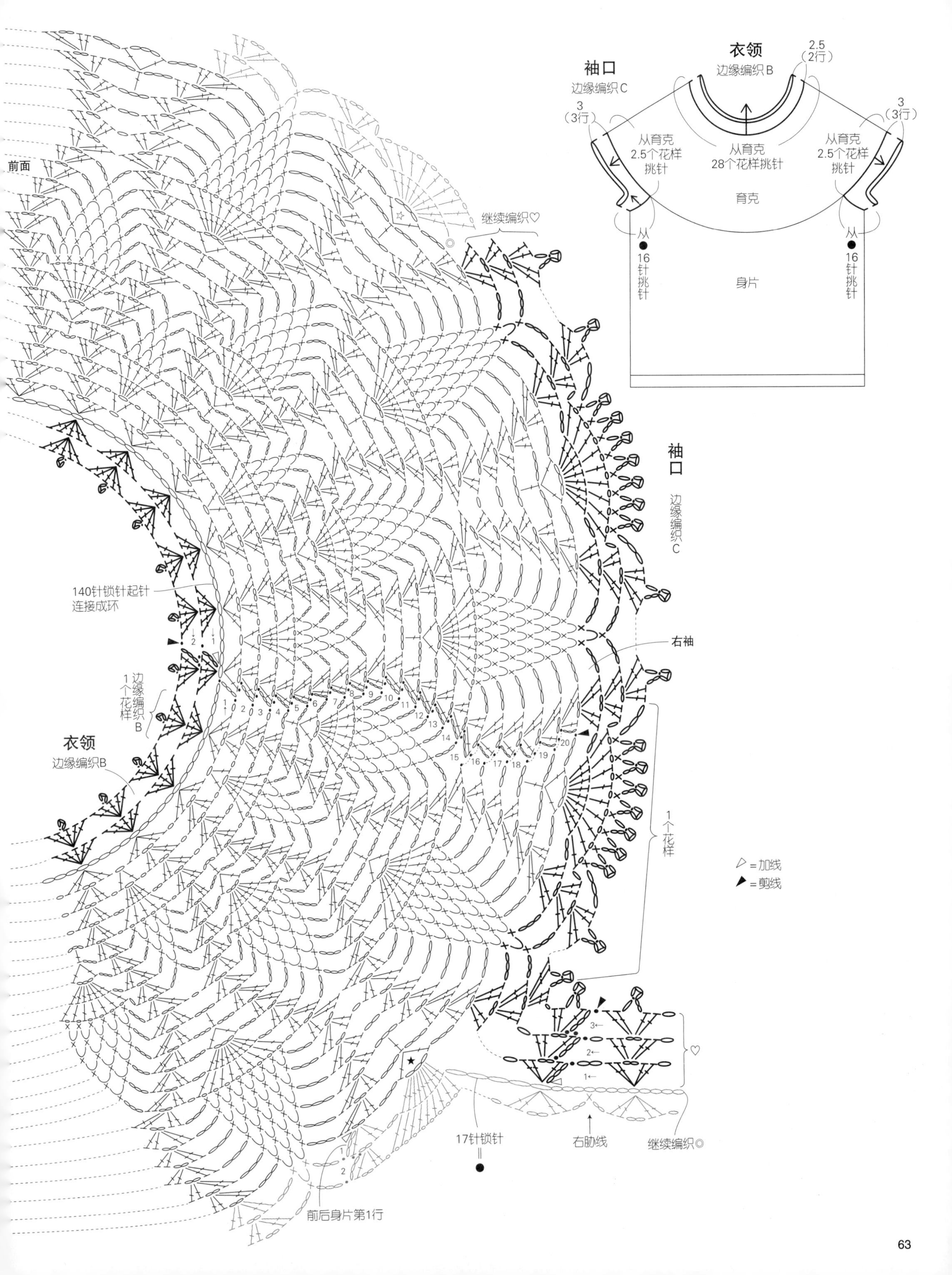
衣领
边缘编织B
2.5
（2行）
袖口
边缘编织C
3
（3行）
从育克
2.5个花样
挑针
从育克
28个花样挑针
育克
从
16
针
挑
针
身片
前面
继续编织♡
袖口
边缘编织C
140针锁针起针
连接成环
右袖
1个花样
边缘编织B
衣领
边缘编织B
= 加线
= 剪线
17针锁针
右胁线
继续编织◎
前后身片第1行

前后身片的编织图

30页 28

* 材料

和麻纳卡 ALPACA MOHAIR FINE

浅紫色（23）30g

* 工具

和麻纳卡 AMIAMI 双头钩针 RAKURAKU 4/0 号

* 编织密度

编织花样：9cm 为 1 个花样，10cm 为 11 行

* 成品尺寸

宽度（最大）11cm，长度 93cm

* 编织方法

1. 锁针起针，按编织花样钩织主体。
2. 从周围挑针，钩织边缘编织。

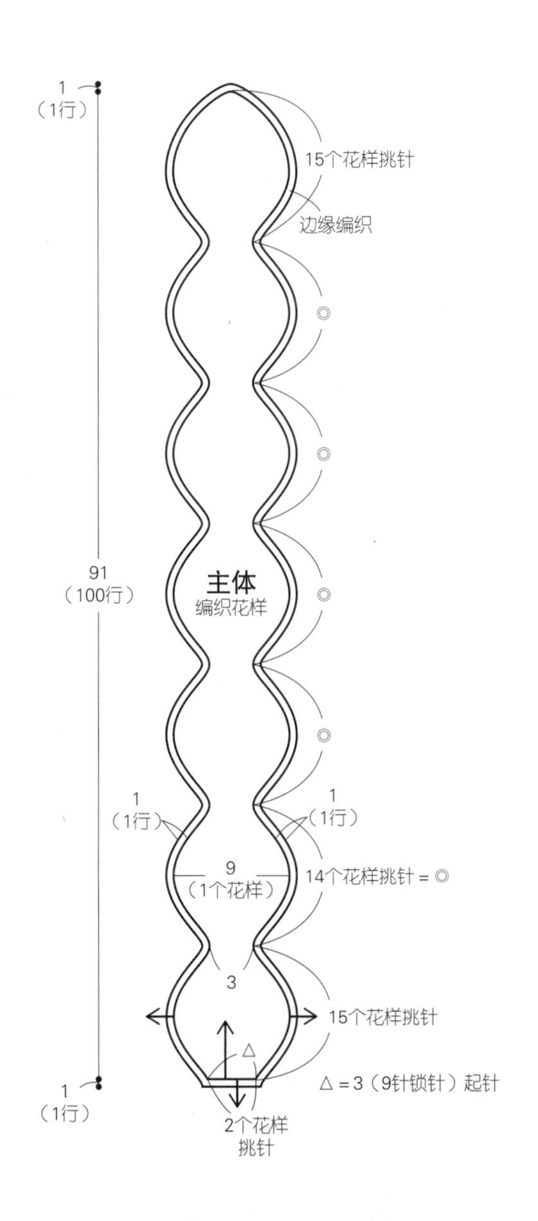

编织图

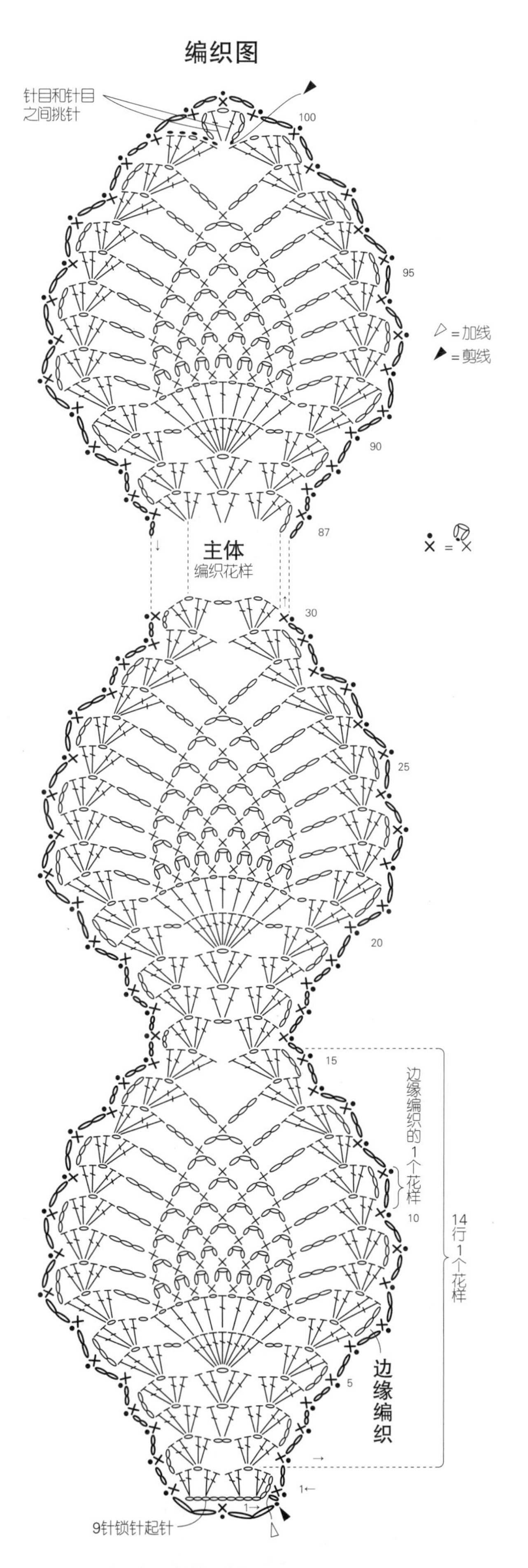

13页 11

＊材料
和麻纳卡 ALPACA MOHAIR FINE
浅米色（2）155g

＊配件
纽扣（直径 1.5cm）4 颗

＊工具
和麻纳卡 AMIAMI 双头钩针 RAKURAKU 4/0 号

＊编织密度
编织花样 A：12cm 为 1 个花样（最终行），
10cm 为 9.5 行
编织花样 B：10cm 为 2.5 个花样，10cm 为 11 行

＊成品尺寸
胸围 105.5cm，衣长 50cm

＊编织方法
1. 锁针起针，按编织花样 A 钩织育克。
2. 从育克挑针，按编织花样 B 钩织前后身片。接着，按边缘编织 A 钩织下摆。
3. 按边缘编织 B 钩织衣领、前门襟。
4. 袖口钩织边缘编织 C 成环形。

育克的编织图参见第68、69页

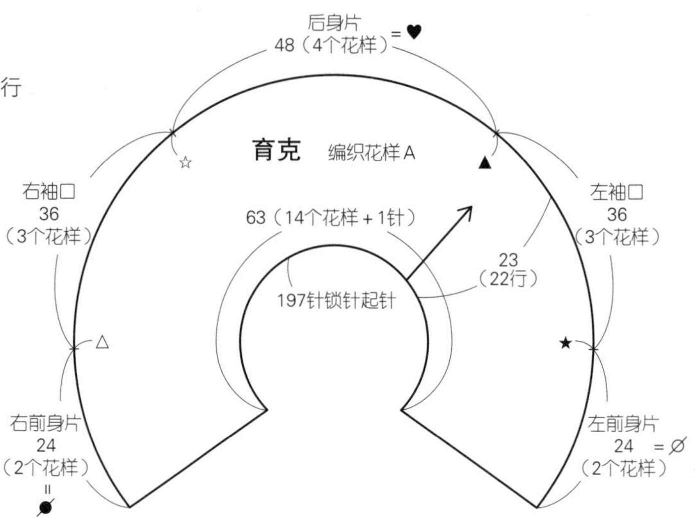

前后身片

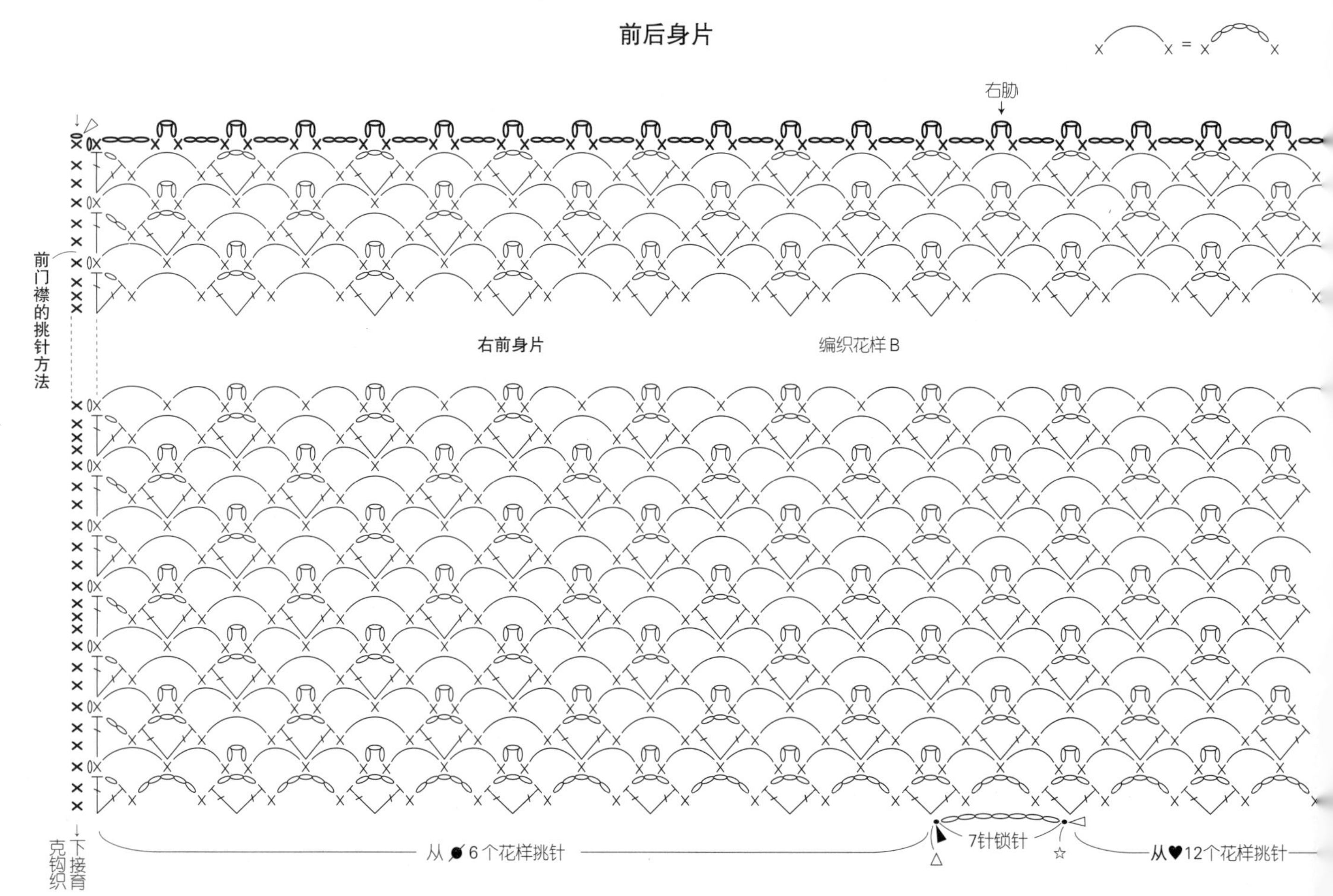

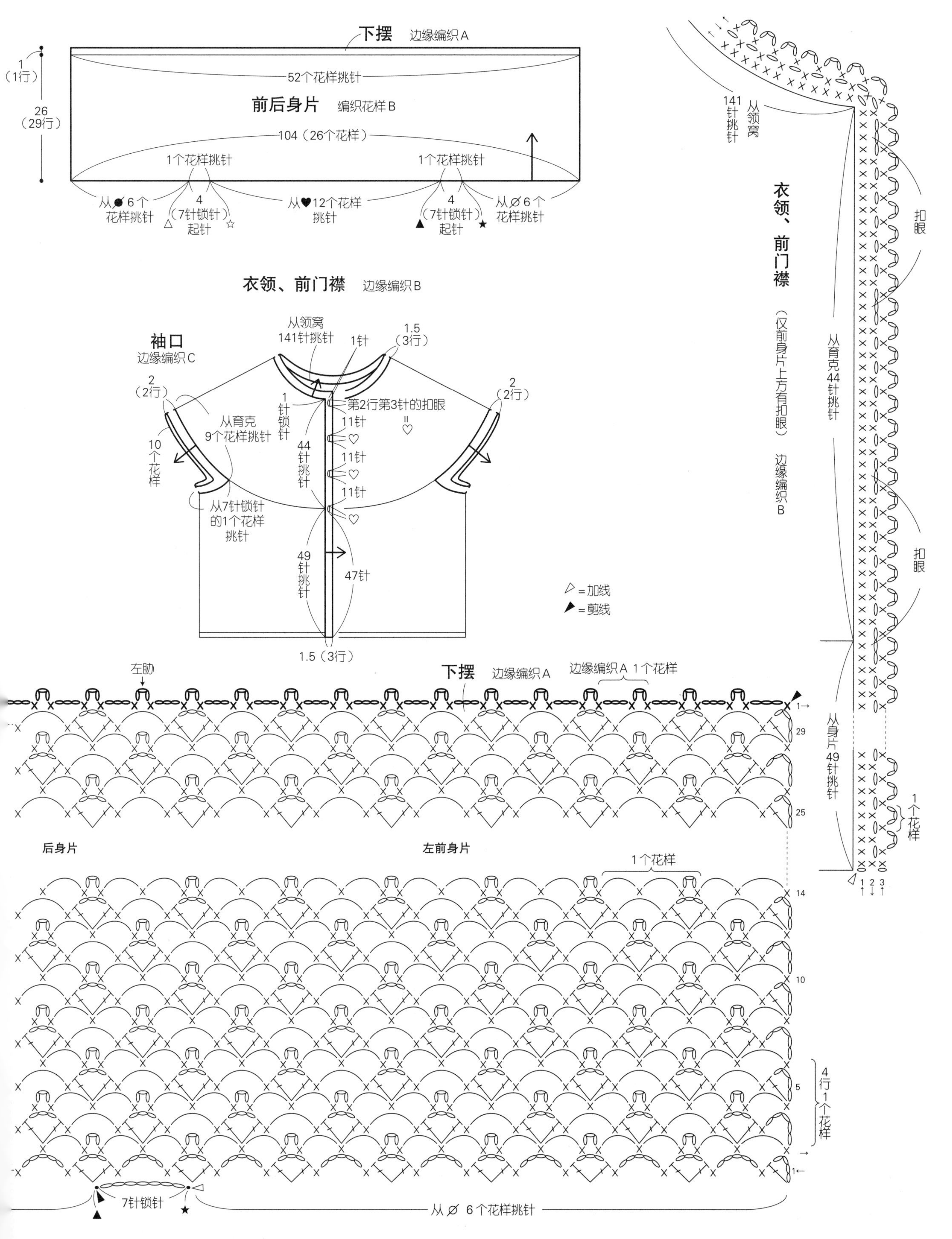

下摆 边缘编织A
1（1行）
26（29行）
52个花样挑针
前后身片 编织花样B
104（26个花样）
1个花样挑针
1个花样挑针
从●6个花样挑针
4（7针锁针）起针
从♥12个花样挑针
4（7针锁针）起针
从∅6个花样挑针
衣领、前门襟 边缘编织B
袖口 边缘编织C
从领窝141针挑针
1针
1.5（3行）
2（2行）
2（2行）
1针锁针
第2行第3针的扣眼
11针
从育克9个花样挑针
10个花样
44针挑针
从7针锁针的1个花样挑针
49针挑针
47针
1.5（3行）
=加线
=剪线
左胁
下摆 边缘编织A
边缘编织A 1个花样
后身片
左前身片
1个花样
4行1个花样
7针锁针
从∅ 6个花样挑针
141针挑针 从领窝
衣领、前门襟（仅前身片上方有扣眼）边缘编织B
从育克44针挑针
扣眼
扣眼
从身片49针挑针
1个花样

育克的编织图 编织花样A

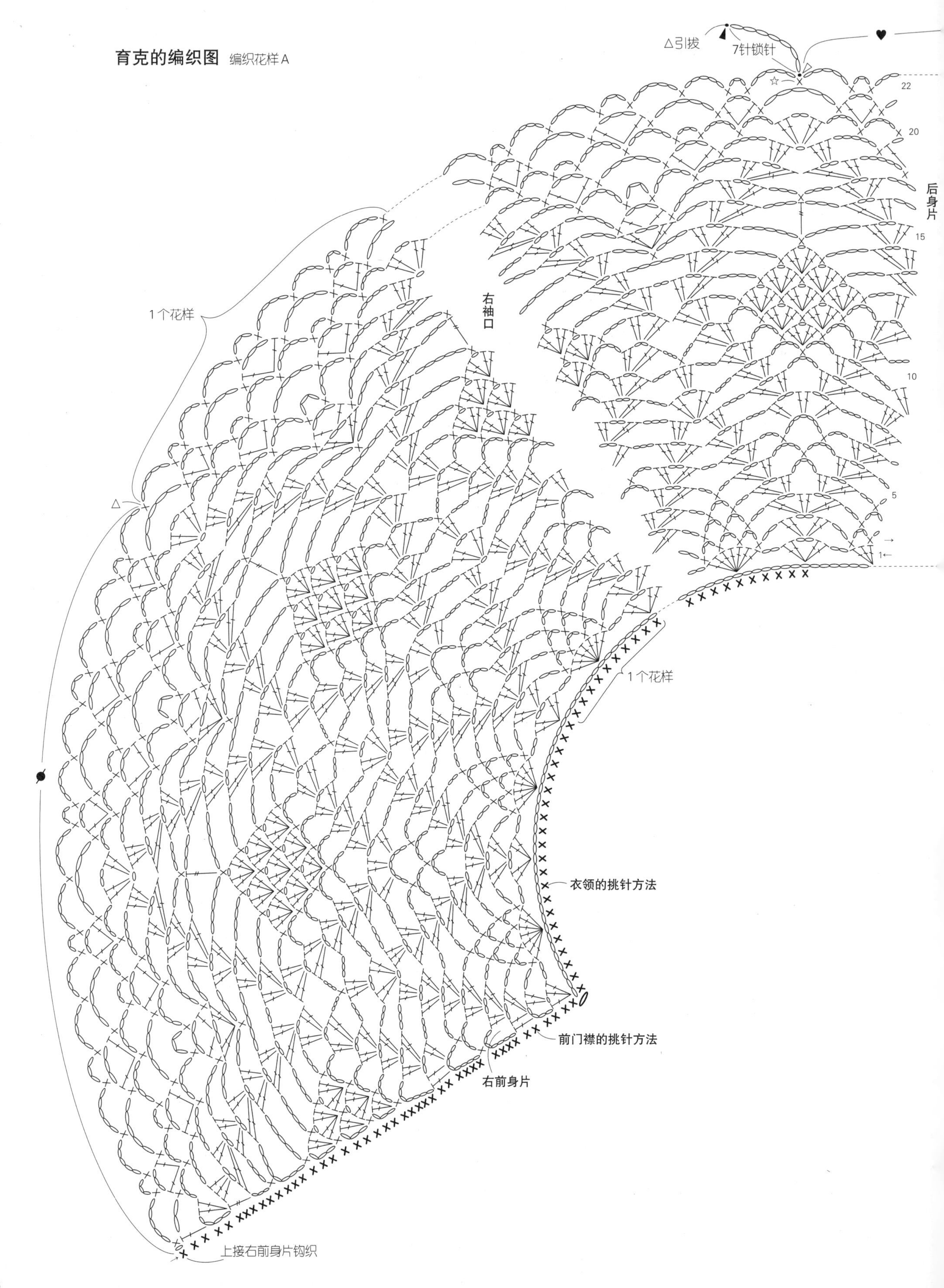

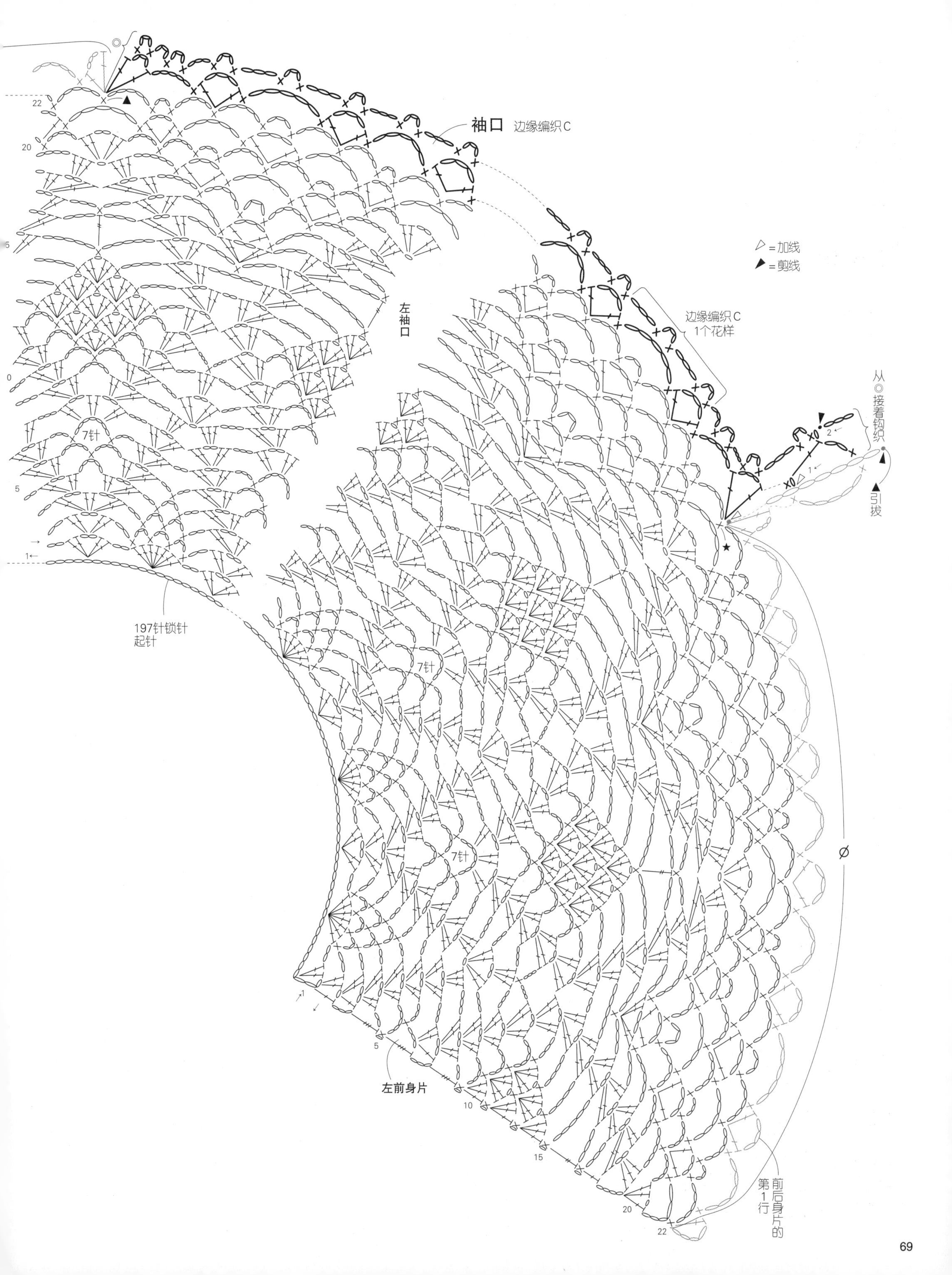
袖口 边缘编织C
左袖口
▷=加线
▶=剪线
边缘编织C 1个花样
从◎接着钩织
引拔
7针
197针锁针起针
左前身片
前后身片的第1行
22
20
5
1
10
15

14页 12

***材料**

和麻纳卡 MOHAIR

橙色（31）160g[7团]

***工具**

和麻纳卡 AMIAMI双头钩针RAKURAKU 4/0号

***编织密度**

编织花样A（编织终点侧）：9.5cm为1个花样，10cm为8行

编织花样B：10cm为1个花样，10cm为9行

***成品尺寸**

胸围100cm，衣长55cm，连肩袖长36.5cm

***编织方法**

1. 锁针起针，接编织花样A钩织育克成环形。
2. 从育克挑针，按编织花样B钩织前后身片成环形。
3. 从育克和身片挑针，接编织花样C钩织衣袖成环形。
4. 从起针挑针，按边缘编织钩织领窝成环形。

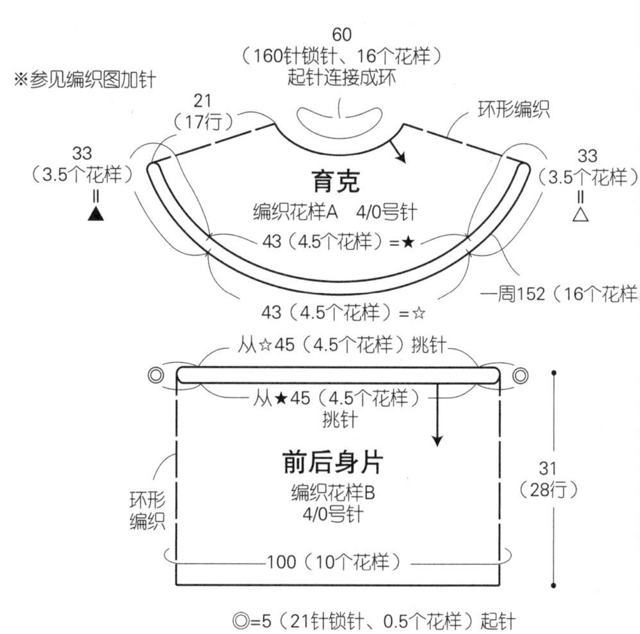

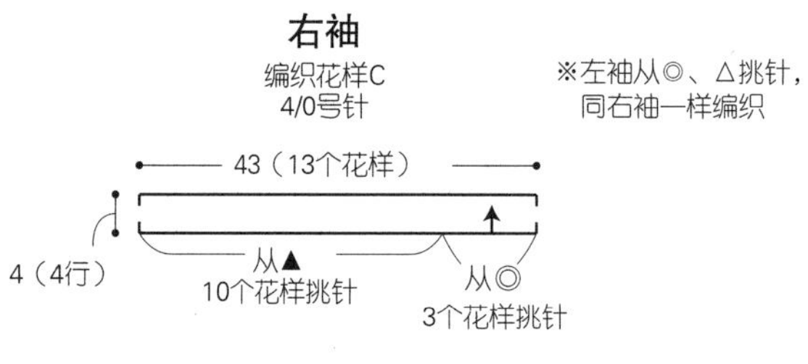

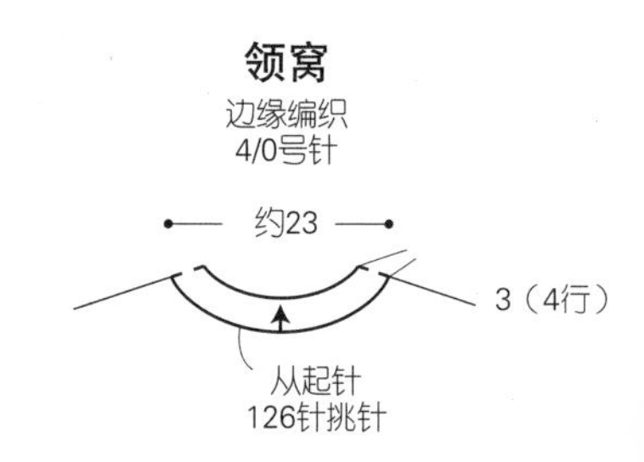

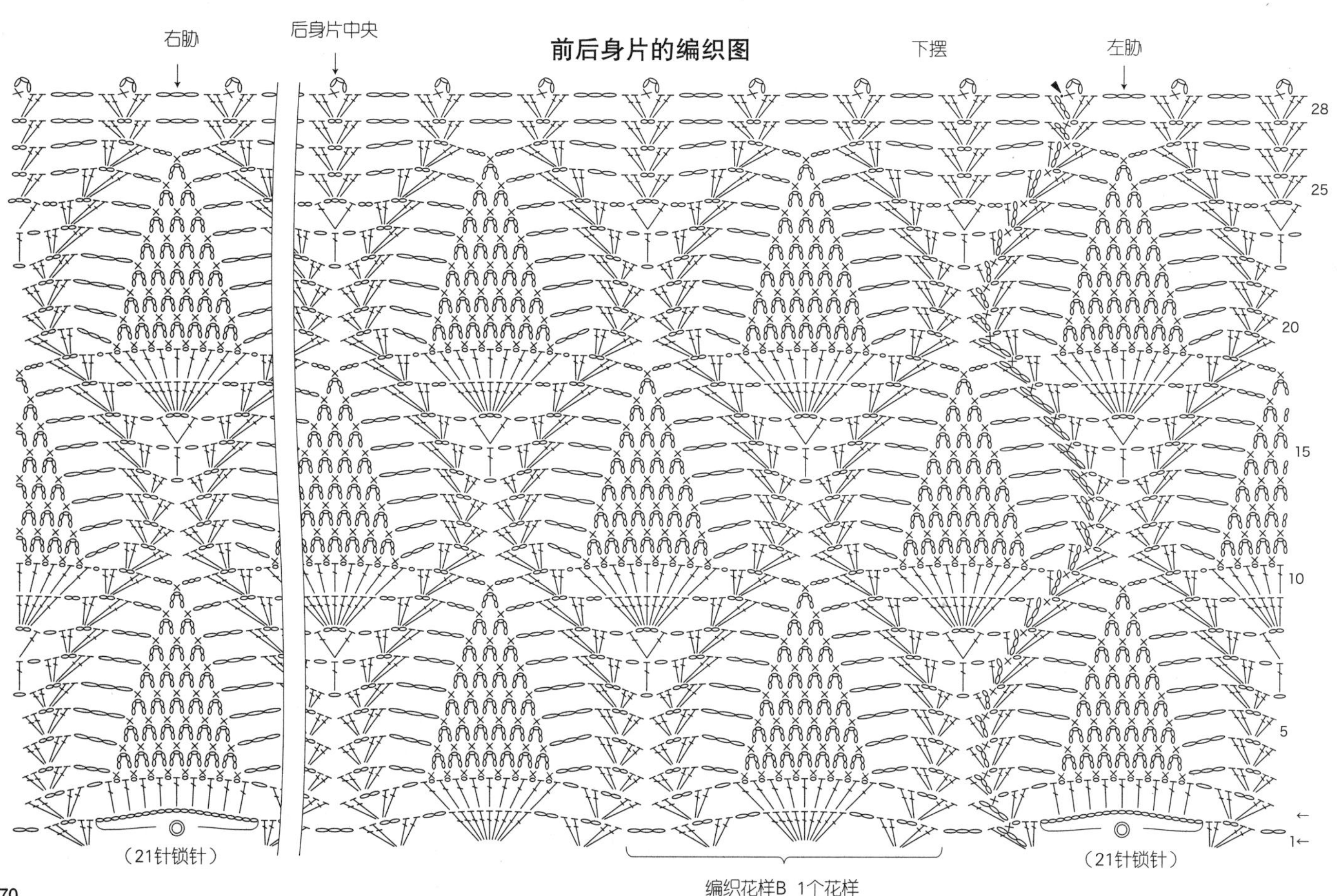

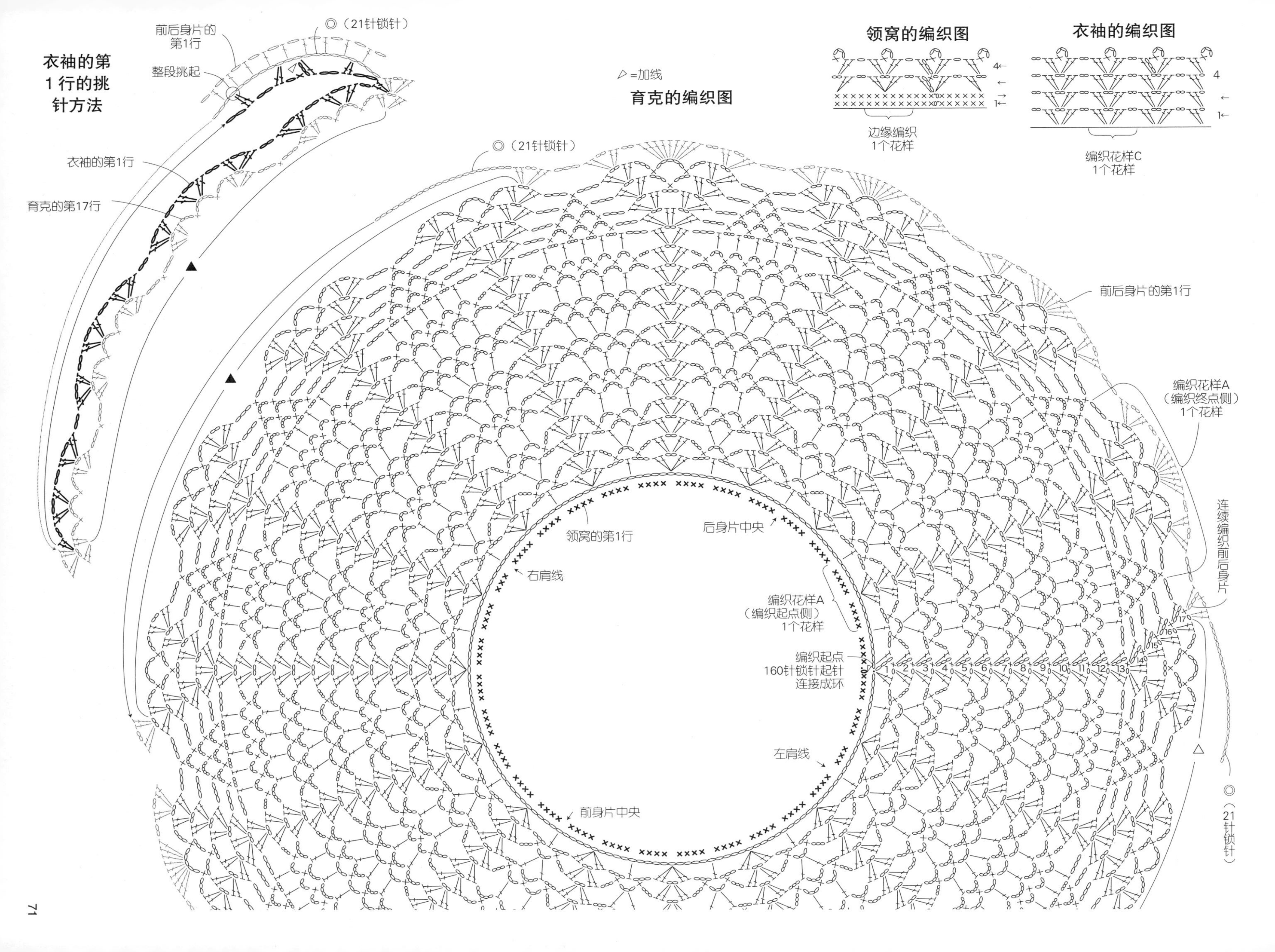

衣袖的第
1 行的挑
针方法
前后身片的
第1行
整段挑起
◎（21针锁针）
衣袖的第1行
育克的第17行
▷=加线
育克的编织图
领窝的编织图
边缘编织
1个花样
衣袖的编织图
编织花样C
1个花样
◎（21针锁针）
前后身片的第1行
编织花样A
（编织终点侧）
1个花样
连续编织前后身片
领窝的第1行
后身片中央
右肩线
编织花样A
（编织起点侧）
1个花样
编织起点
160针锁针起针
连接成环
左肩线
前身片中央
◎（21针锁针）

15页 13

＊材料

和麻纳卡 ALPACA MOHAIR FINE

褐色（18）180g

＊工具

和麻纳卡 AMIAMI 双头钩针 RAKURAKU 5/0 号

＊编织密度

编织花样：15cm 为 1 个花样（最终行），10cm 为 10 行

＊成品尺寸

衣长 42cm

＊编织方法

1. 锁针起针连接成环，按编织花样钩织主体。
2. 衣领钩织边缘编织成环形。

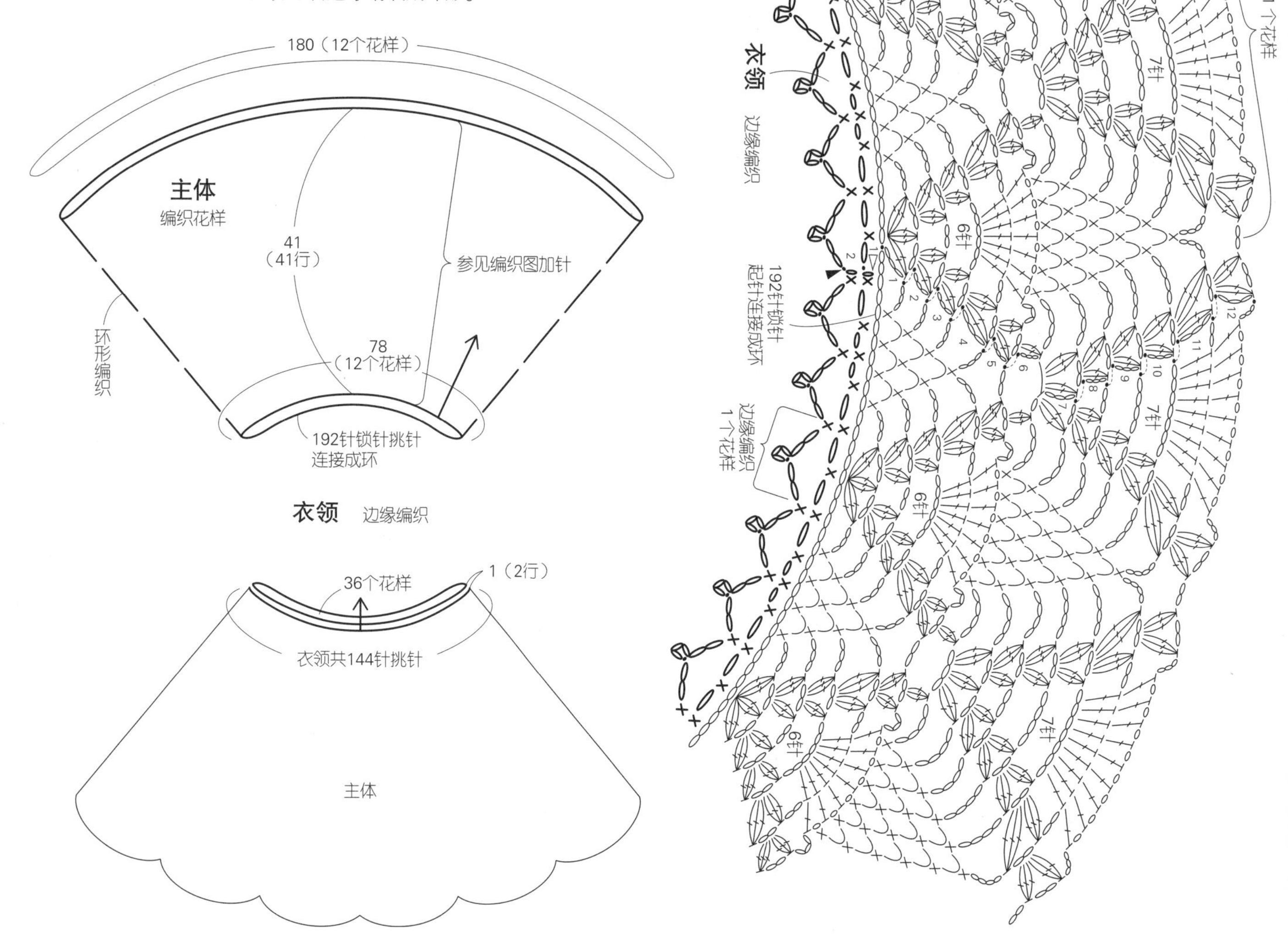

●渡线

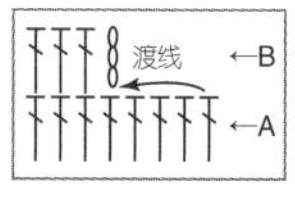

A行编织完成之后，将钩针上的线圈撑大穿过线团，再收紧线圈。

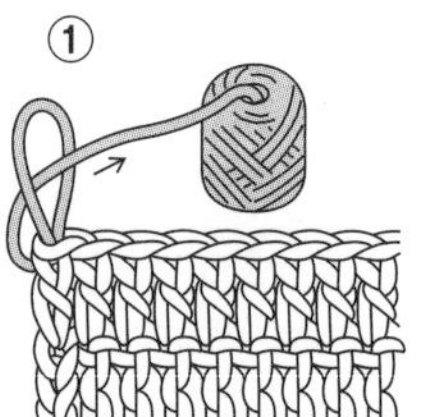

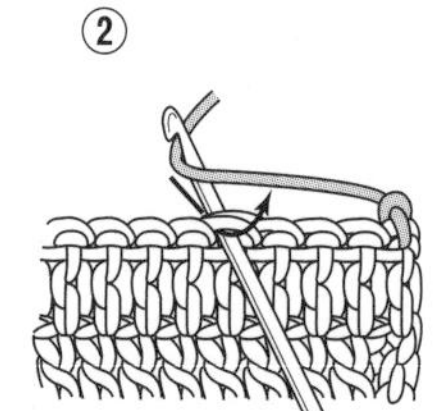

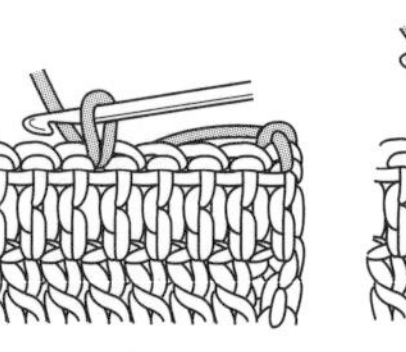

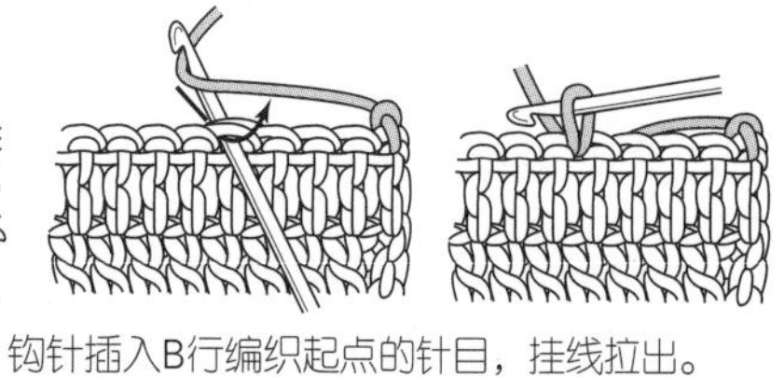

钩针插入B行编织起点的针目，挂线拉出。

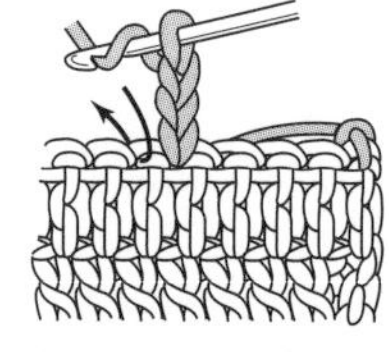

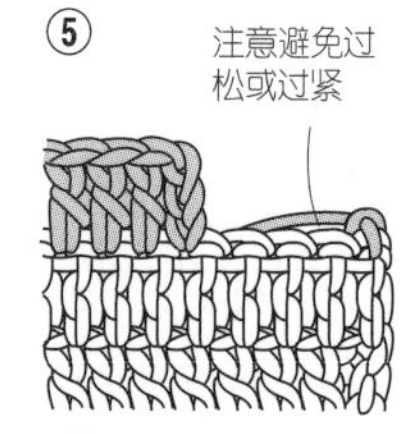

钩织立起的3针锁针，钩织B行。

●整段挑起

从上一行锁针挑针时，如箭头所示插入钩针；将锁针全部挑起就是“整段挑起”。上一行为锁针时，基本上整段挑起。

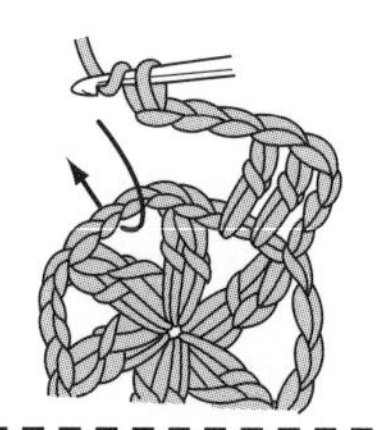

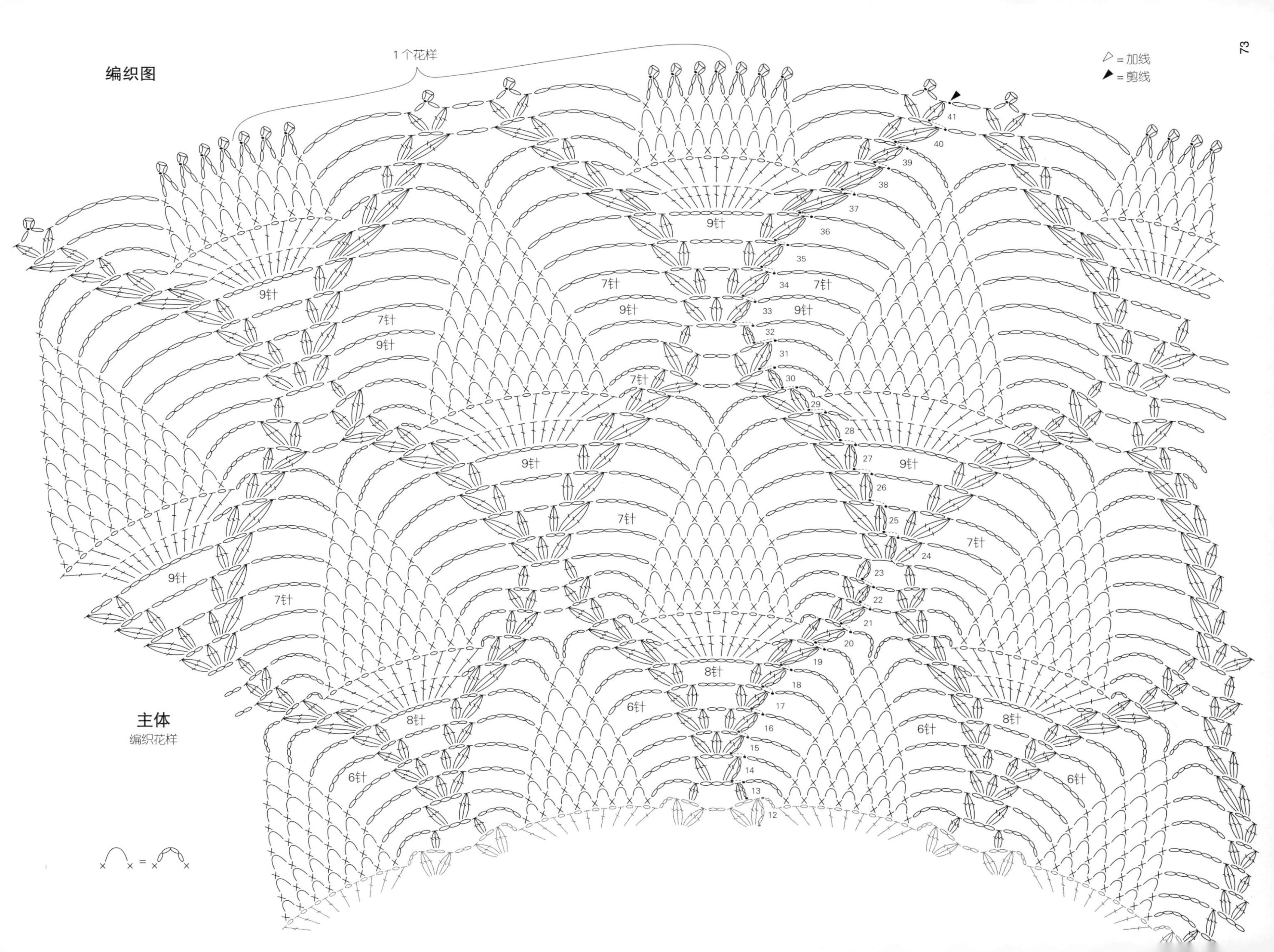
编织图
1个花样
▷=加线
▶=剪线
主体
编织花样
9针
7针
6针
8针
12
13
14
15
16
17
18
19
20
21
22
23
24
25
26
27
28
29
30
31
32
33
34
35
36
37
38
39
40
41

16页 **14**

＊材料
和麻纳卡 APRICO（LAME）
原白色（101）270g
＊配件
纽扣（直径 13mm）3 颗
＊工具
和麻纳卡 AMIAMI 双头钩针 RAKURAKU 3/0 号
＊编织密度
编织花样 B：5.5cm 为 1 个花样，10cm 为 9 行
编织花样 C：5.5cm 为 1 个花样，7cm 为 7 行
＊成品尺寸
胸围 100cm，衣长 51cm，连肩袖长 58cm

＊编织方法
1. 锁针起针，按编织花样 A 钩织育克。
2. 从育克挑针，胁部锁针起针，按编织花样 B、C 钩织前后身片。
3. 从育克和胁部的起针挑针，按编织花样 B、C 钩左右衣袖成环形。
4. 领窝、前门襟钩织短针的棱针。
5. 缝上纽扣。

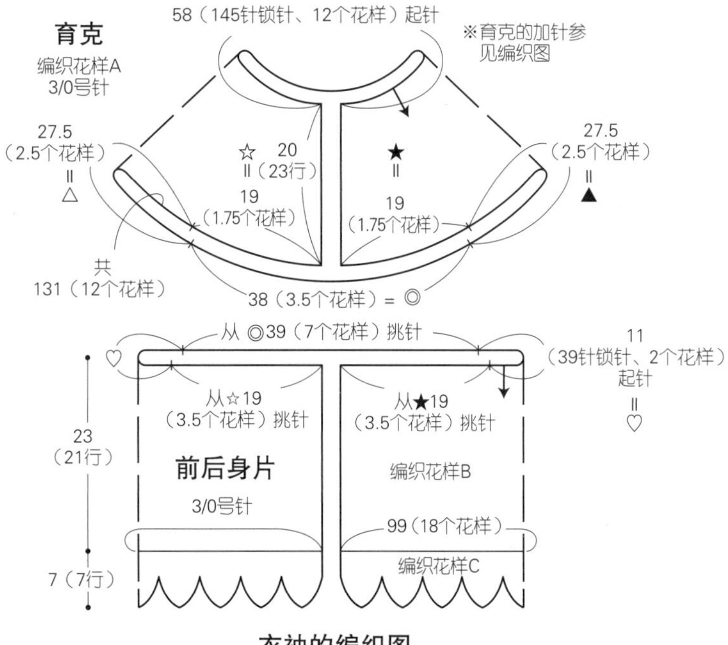

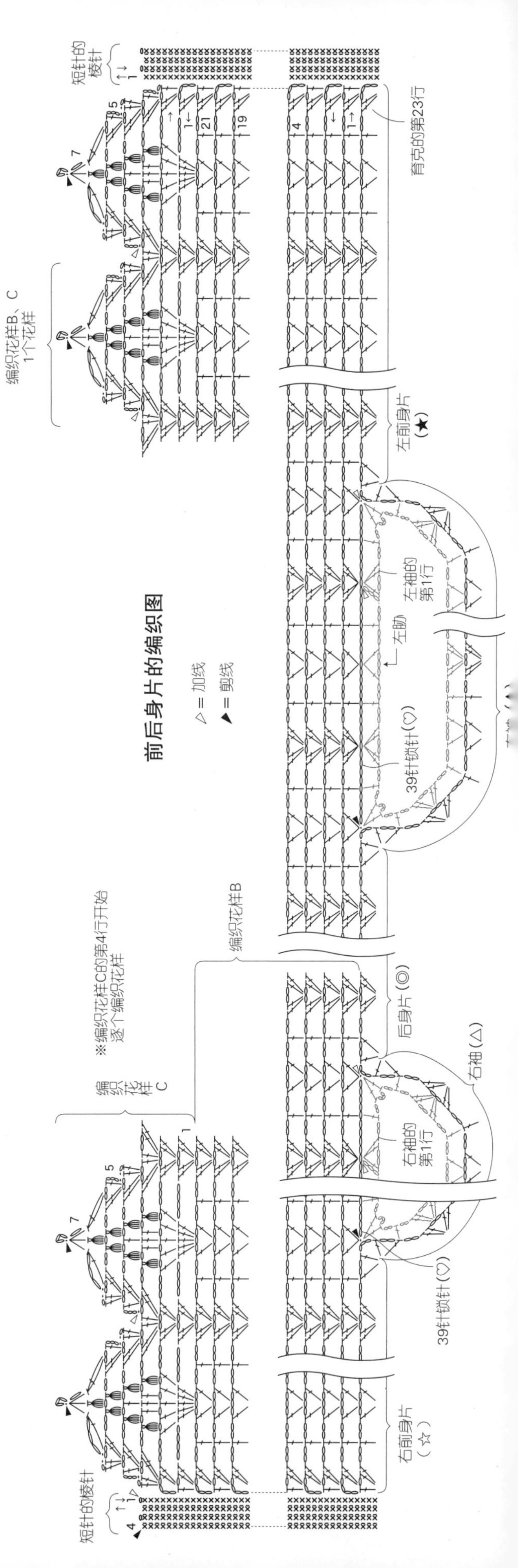

衣袖的编织图

※从编织花样C的第4行开始，每编织1个花样都断线

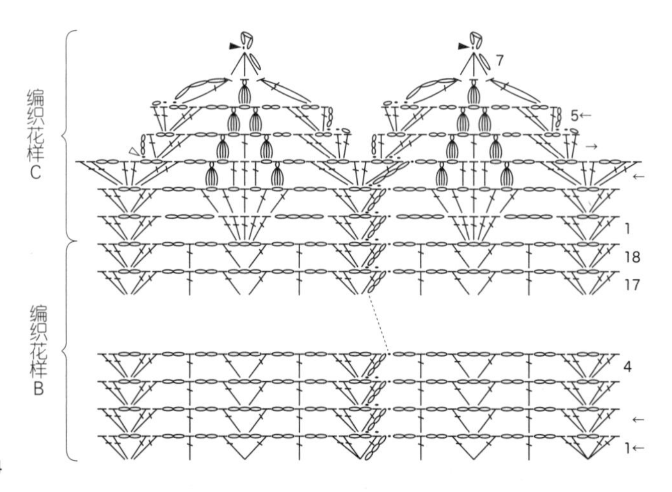

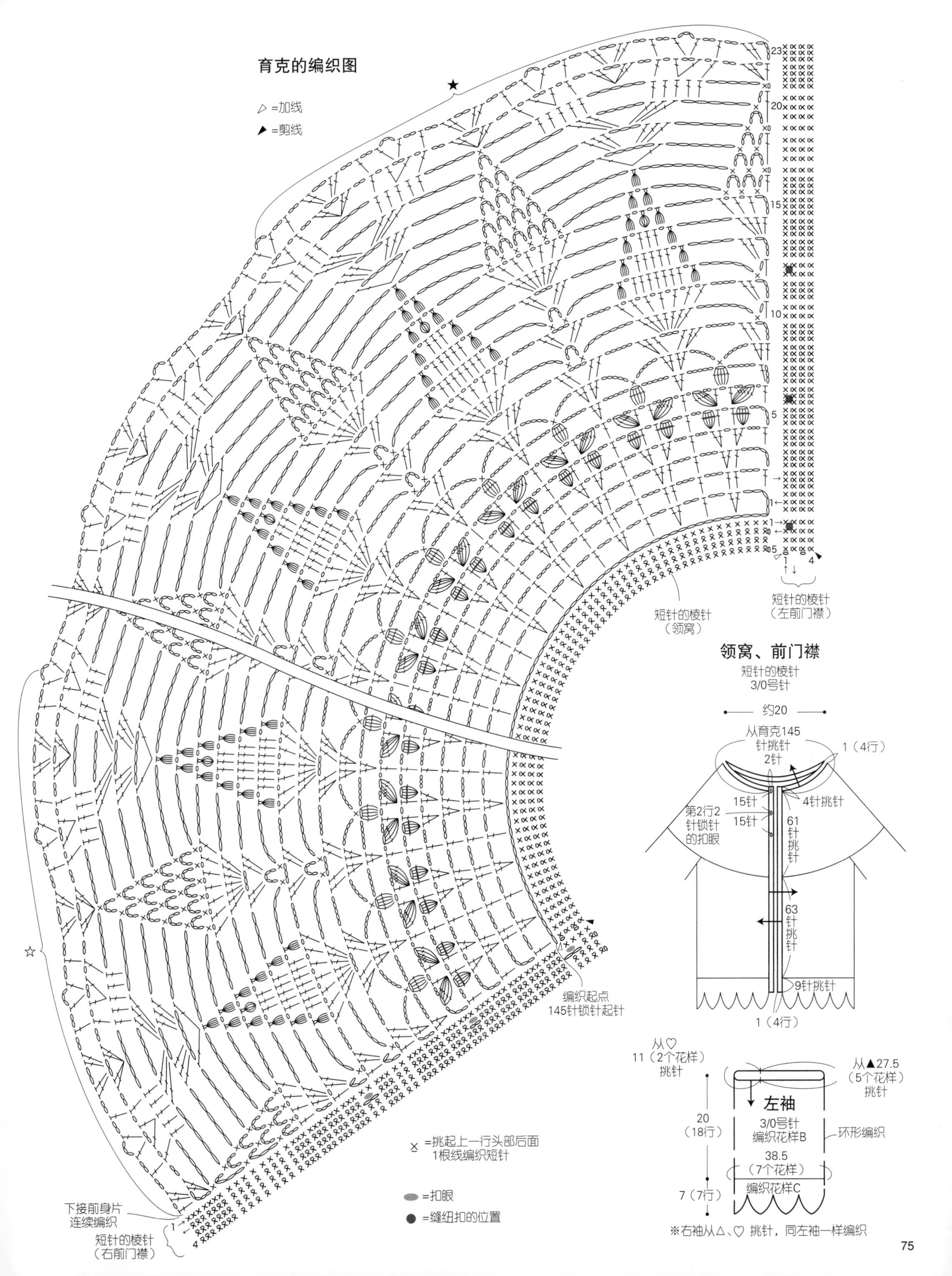
育克的编织图
▷=加线
▶=剪线
★
☆
短针的棱针（领窝）
短针的棱针（左前门襟）
编织起点
145针锁针起针
下接前身片
连续编织
短针的棱针（右前门襟）
×=挑起上一行头部后面1根线编织短针
=扣眼
●=缝纽扣的位置
领窝、前门襟
短针的棱针
3/0号针
约20
从育克145针挑针
2针
1（4行）
15针
4针挑针
第2行2针锁针的扣眼
15针
61针挑针
63针挑针
9针挑针
1（4行）
从♡11（2个花样）挑针
从▲27.5（5个花样）挑针
左袖
20（18行）
3/0号针
编织花样B
环形编织
38.5（7个花样）
7（7行）
编织花样C
※右袖从△、♡ 挑针，同左袖一样编织

17页 **15**

*** 材料**
和麻纳卡 FLAX C（LAME）
水蓝色（506）160g
*** 工具**
和麻纳卡 AMIAMI 双头钩针 RAKURAKU 3/0 号
*** 成品尺寸**
胸围 96cm，衣长 55cm，连肩袖长 25.5cm

*** 编织方法**
1. 线圈环形起针，按编织花样钩织前后身片。
2. 肩部、胁部钩织锁针和引拔针接合。
3. 下摆钩织边缘编织 A。
4. 领窝、袖口钩织边缘编织 B。

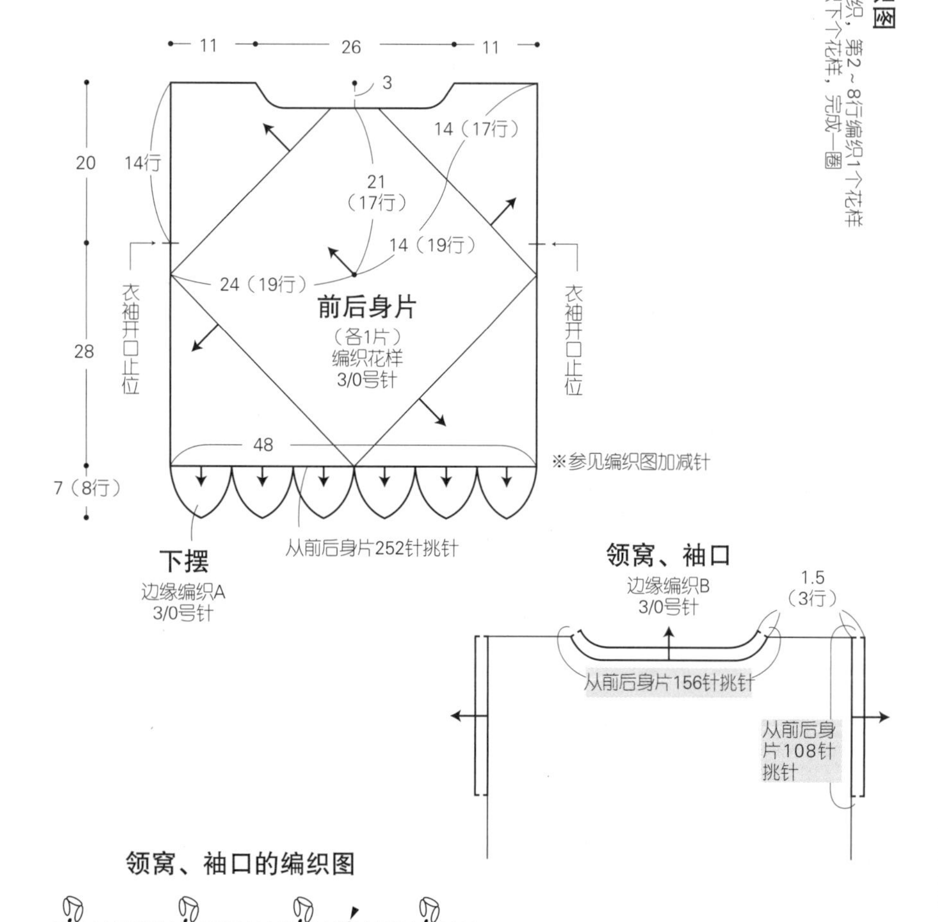

领窝、袖口的编织图

边缘编织B
6针1个花样

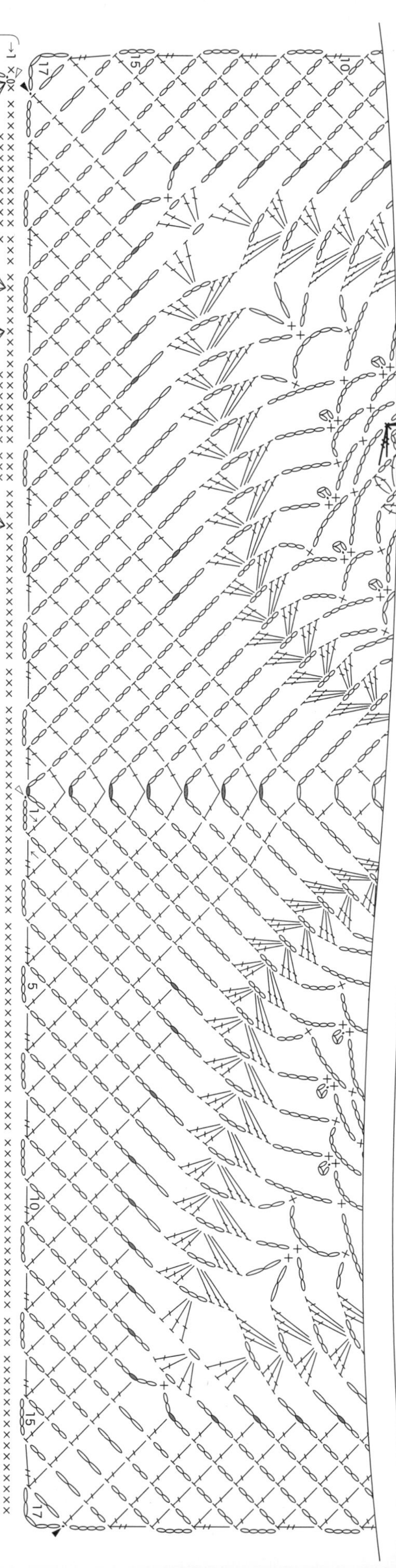

前后身片的编织图

=在上一行的针目和针目之间整段挑起钩织

=在下一行分开锁针钩织长针

= 按5针长长针并1针的要领，第3针钩织短针

△ =加线

▲ =剪线

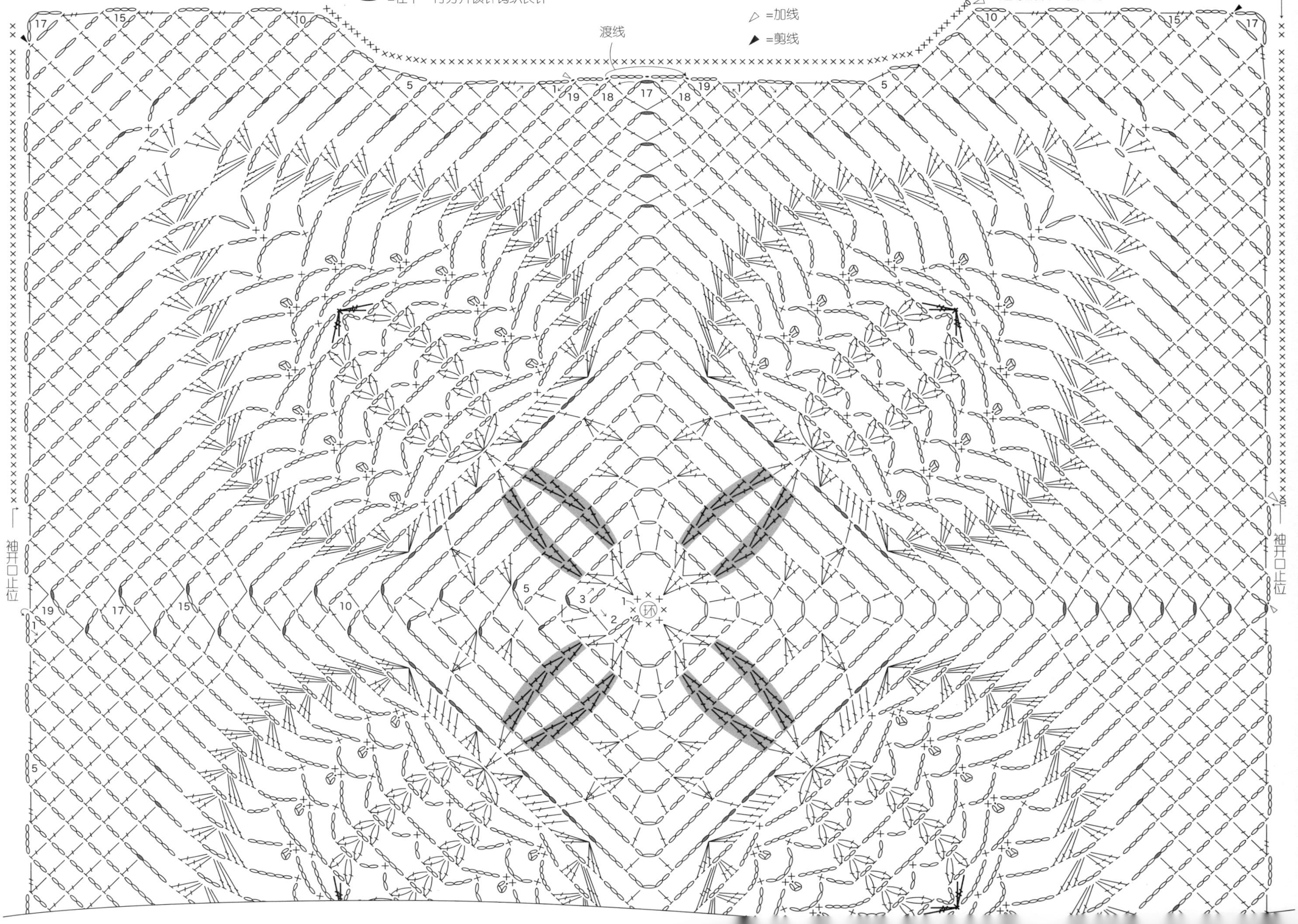

边缘编织B的第1行

边缘编织B的第1行

渡线

袖开口止位

袖开口止位

19页 **17**

*** 材料**

和麻纳卡 PAUME（彩土染）

米色（42）290g

*** 配件**

纽扣（直径 23mm）3 颗

*** 工具**

和麻纳卡 AMIAMI 双头钩针 RAKURAKU 5/0 号

*** 成品尺寸**

衣长 50.5cm

*** 编织方法**

1. 锁针起针，按编织花样 A、B 钩织身片。
2. 从身片挑针，按编织花样 C 钩织下摆、衣袖。
3. 前门襟钩织边缘编织 A。
4. 衣领钩织边缘编织 B。
5. 缝上纽扣。

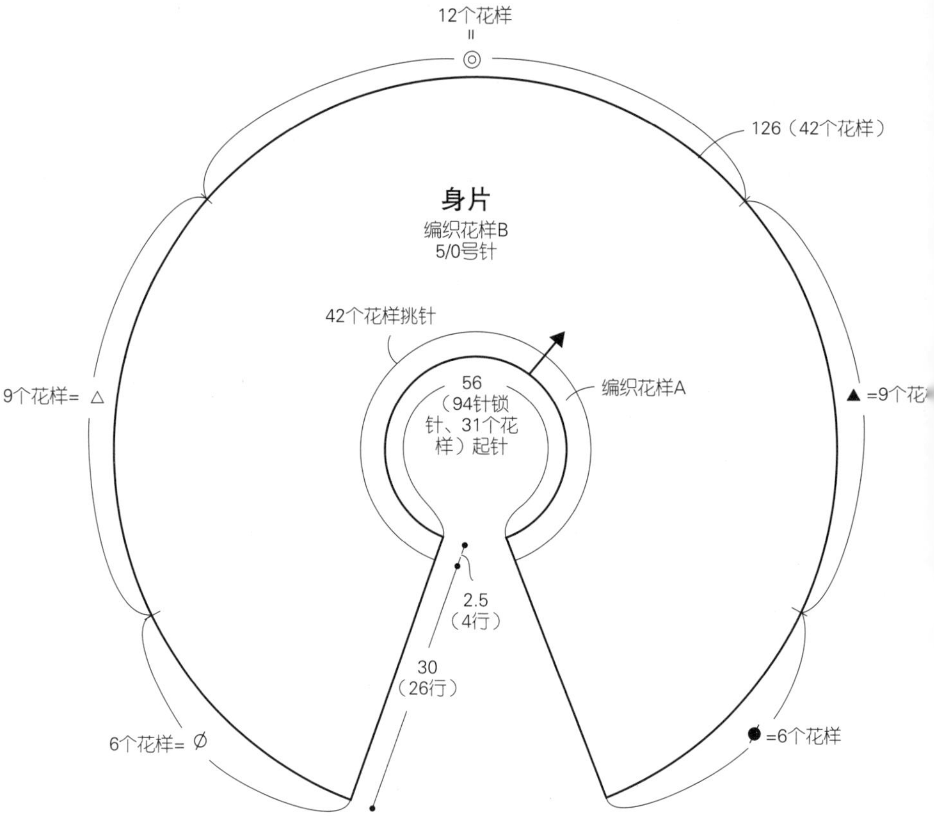

12个花样
=
◎
126（42个花样）
身片
编织花样B
5/0号针
42个花样挑针
9个花样= △
56
（94针锁针、31个花样）起针
编织花样A
▲ =9个花样
2.5
（4行）
30
（26行）
6个花样= Ø
● =6个花样
※参见编织图加针

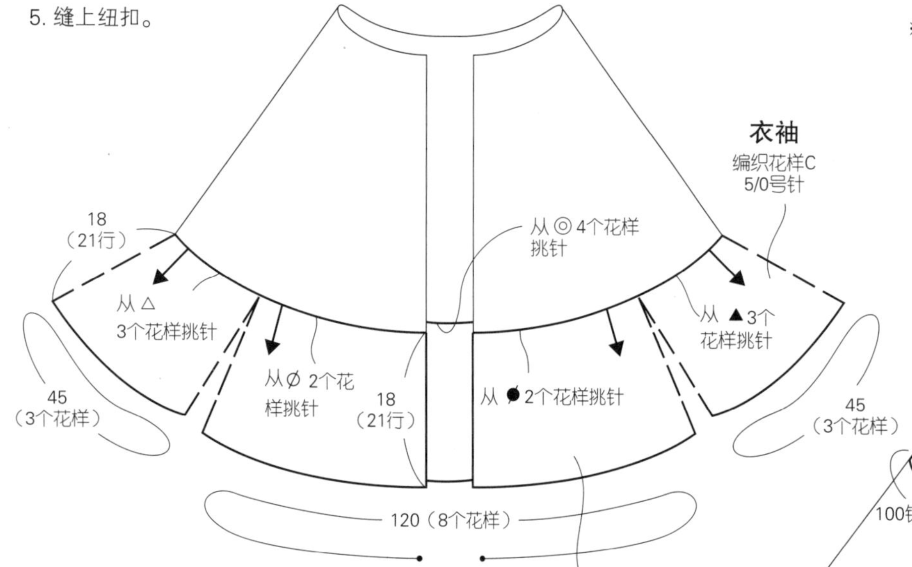

衣袖
编织花样C
5/0号针
18
（21行）
从 ◎ 4个花样挑针
从 △
3个花样挑针
从 ▲ 3个花样挑针
45
（3个花样）
从 Ø 2个花样挑针
18
（21行）
从 ● 2个花样挑针
45
（3个花样）
120（8个花样）
※参见编织图加针
下摆
编织花样C
5/0号针

衣领
边缘编织B
5/0号针
2.5
（3行）
100针挑针
前门襟
边缘编织A
5/0号针
82针挑针
3.5（6行）

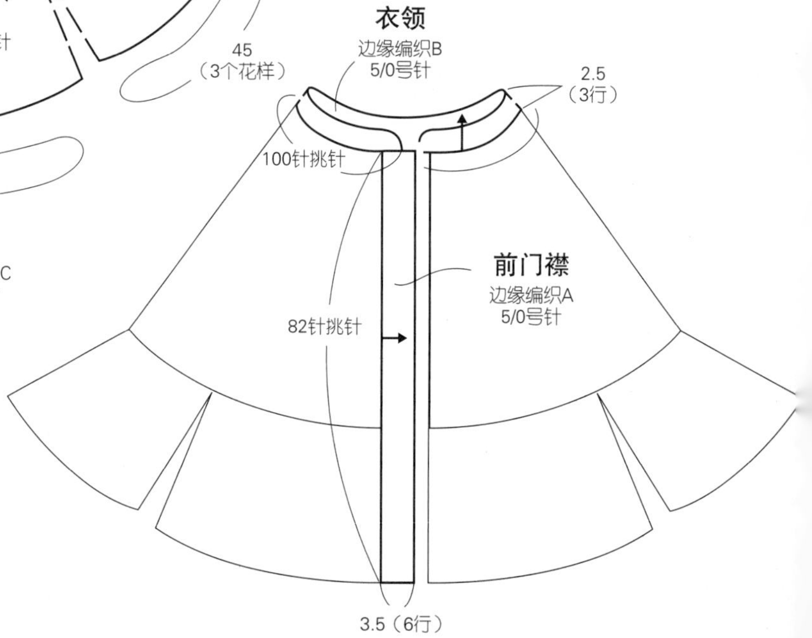

身片的编织图

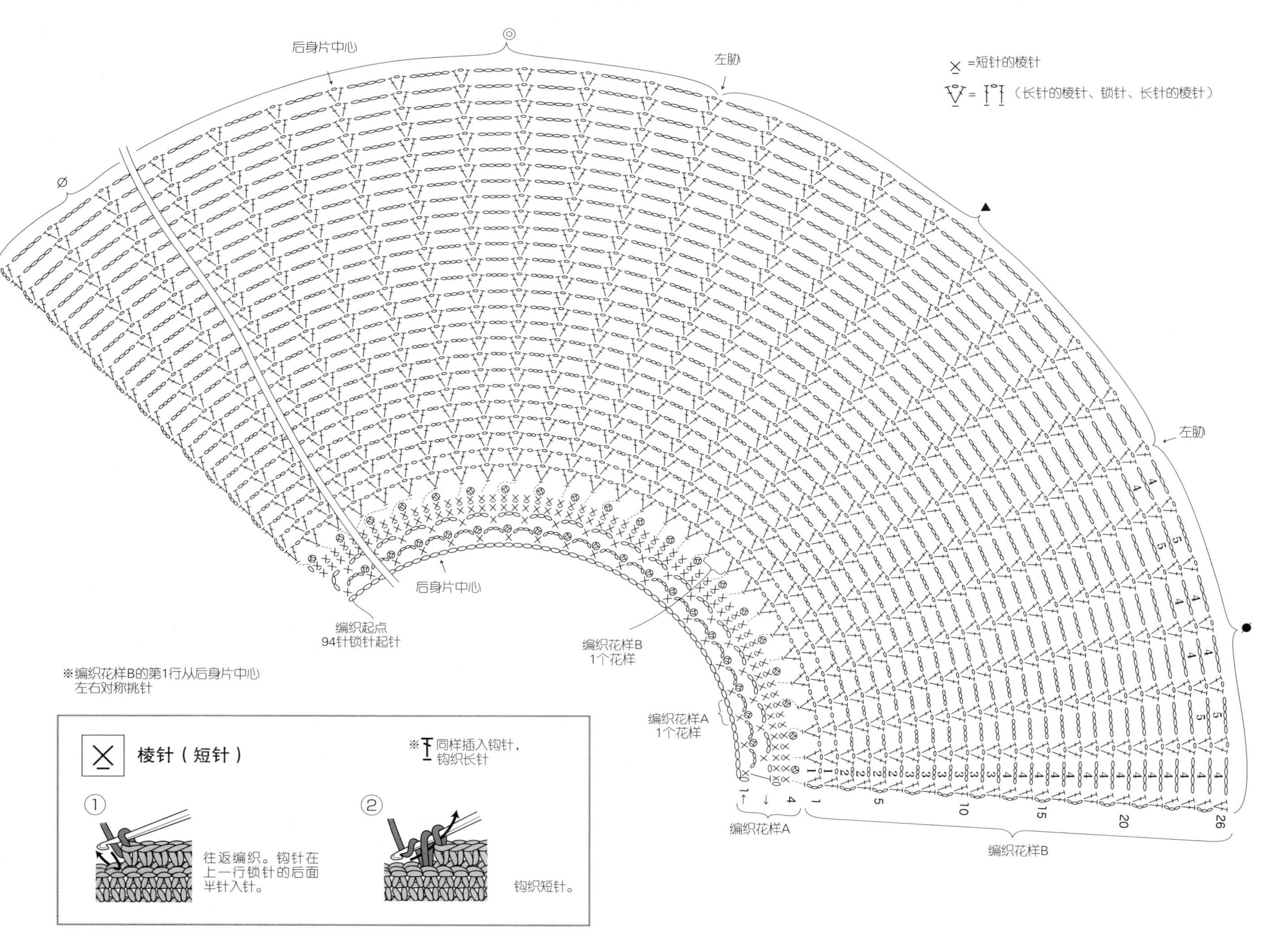

后身片中心
左胁
=短针的棱针
=（长针的棱针、锁针、长针的棱针）
编织起点
94针锁针起针
后身片中心
编织花样B
1个花样
编织花样A
1个花样
编织花样A
编织花样B
※编织花样B的第1行从后身片中心
左右对称挑针
棱针（短针）
往返编织。钩针在上一行锁针的后面半针入针。
※同样插入钩针，钩织长针
钩织短针。

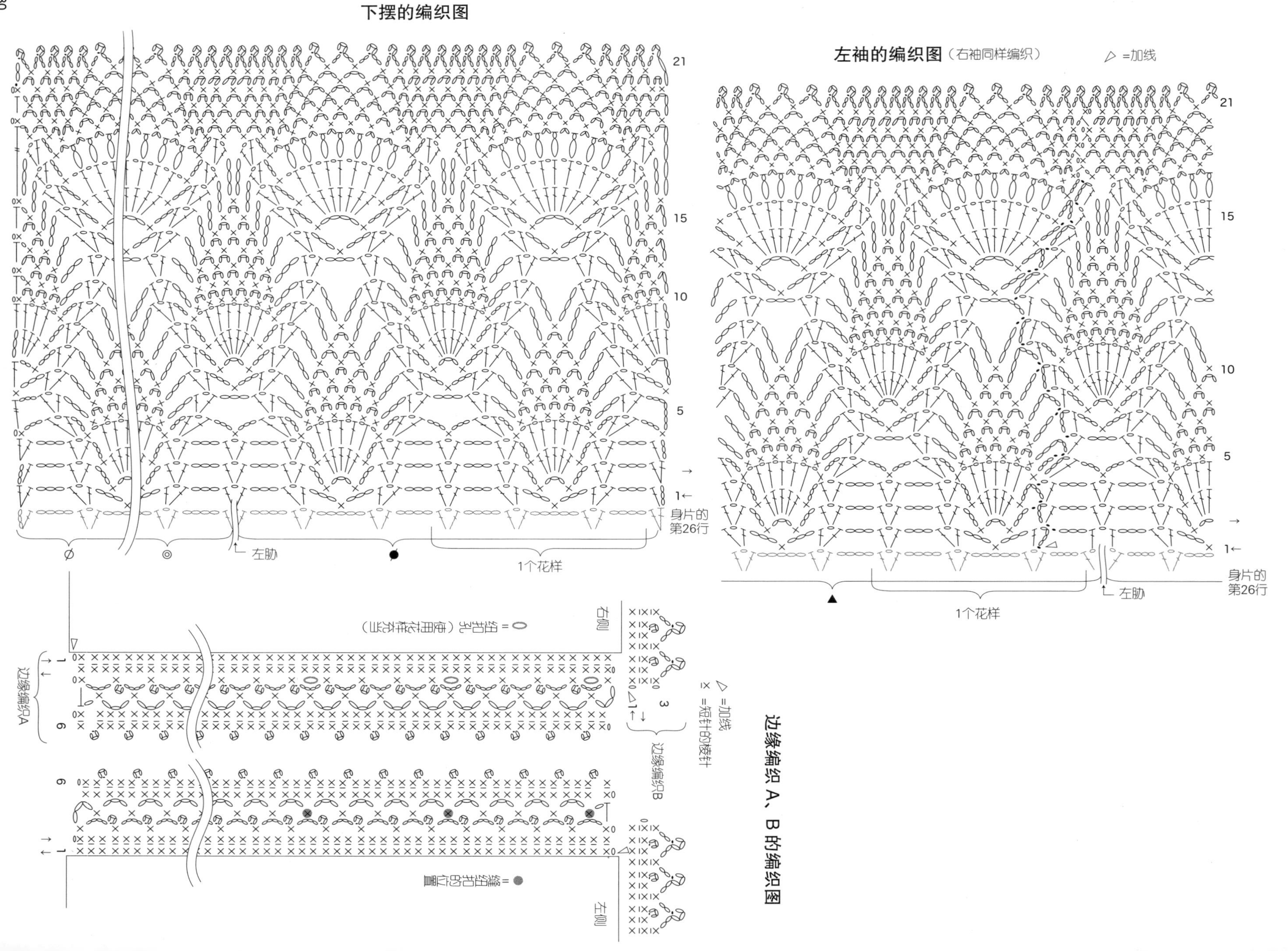

下摆的编织图
1←
身片的第26行
左胁
1个花样
左袖的编织图（右袖同样编织）
▷=加线
身片的第26行
左胁
1个花样
边缘编织A、B的编织图
▷=加线
×=短针的棱针
边缘编织B
右侧
左侧
○=扣眼（使用花样的孔）
●=缝纽扣的位置
边缘编织A

18页 16

* 材料

和麻纳卡 WASH　COTTON（CROCHET）

蓝色（110）240g

* 工具

和麻纳卡 AMIAMI 双头钩针 RAKURAKU 4/0 号、3/0 号

* 编织密度

编织花样 A：12cm 为 1 个花样，10cm 为 11 行

* 成品尺寸

胸围 96cm，肩背宽 39cm，衣长 64.5cm

* 编织方法

1. 锁针起针，按编织花样 A 钩织后身片至袖窿下方。
2. 从后身片的肩部挑针，按编织花样 A 钩织前身片至袖窿下方。从袖窿下方将前后身片环形编织。
3. 下摆钩织编织花样 B。
4. 领窝、袖窿钩织边缘编织。

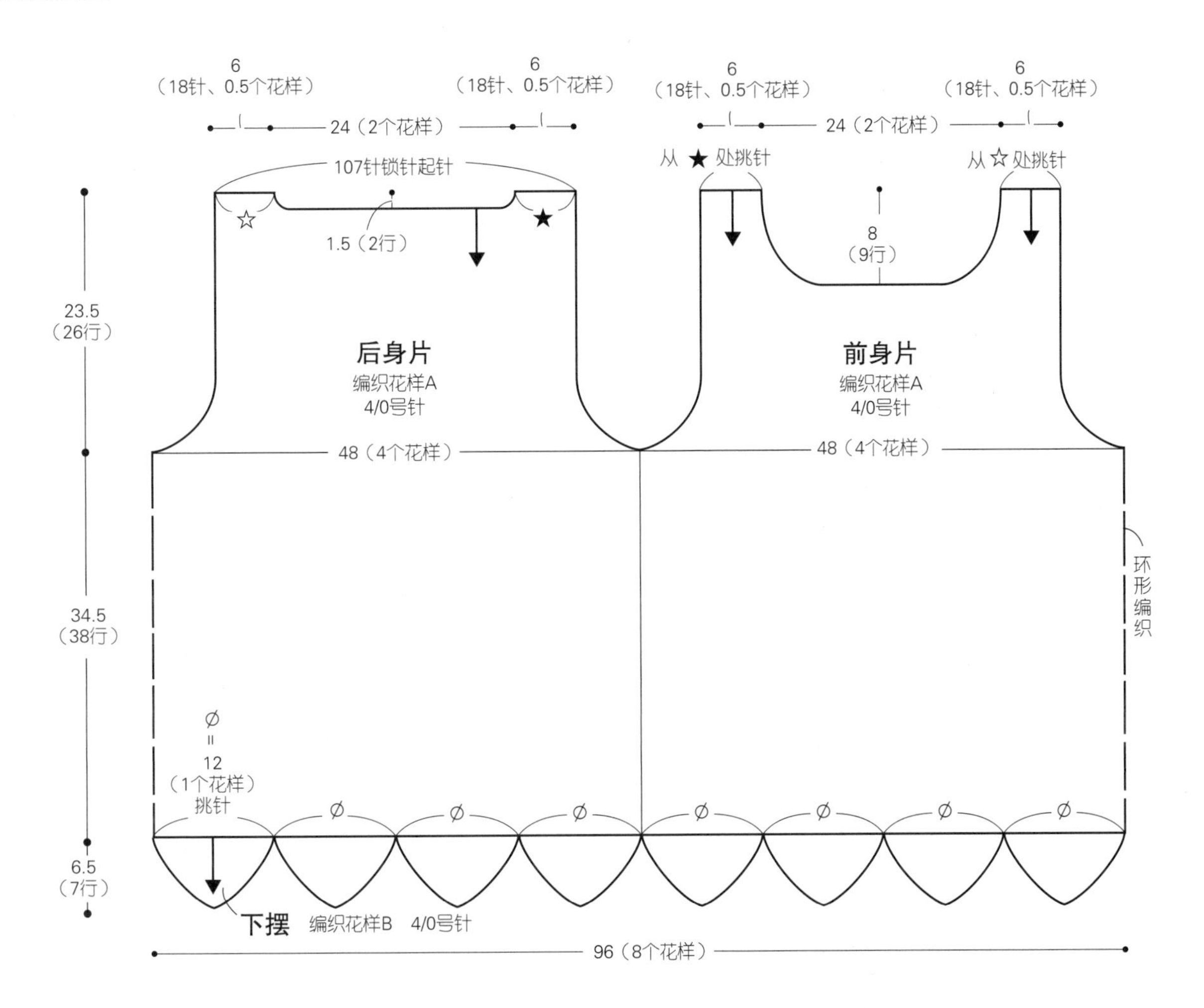

※参见编织图加针

领窝、袖窿

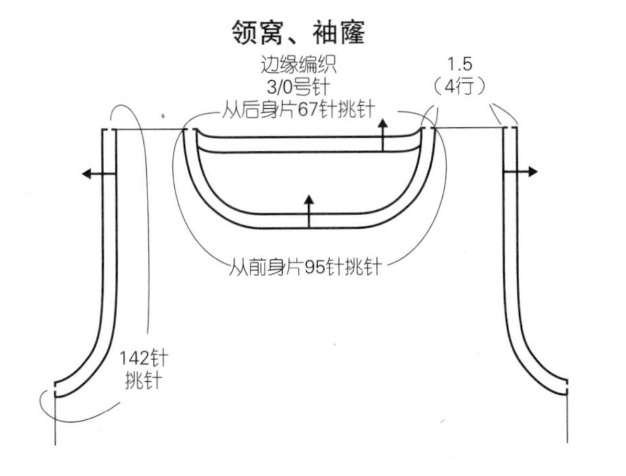

边缘编织的编织图

2针1个花样

※第3行的 是在第1行的短针中入针，包住第2行的锁针钩织

前领窝、袖窿、下摆的编织图

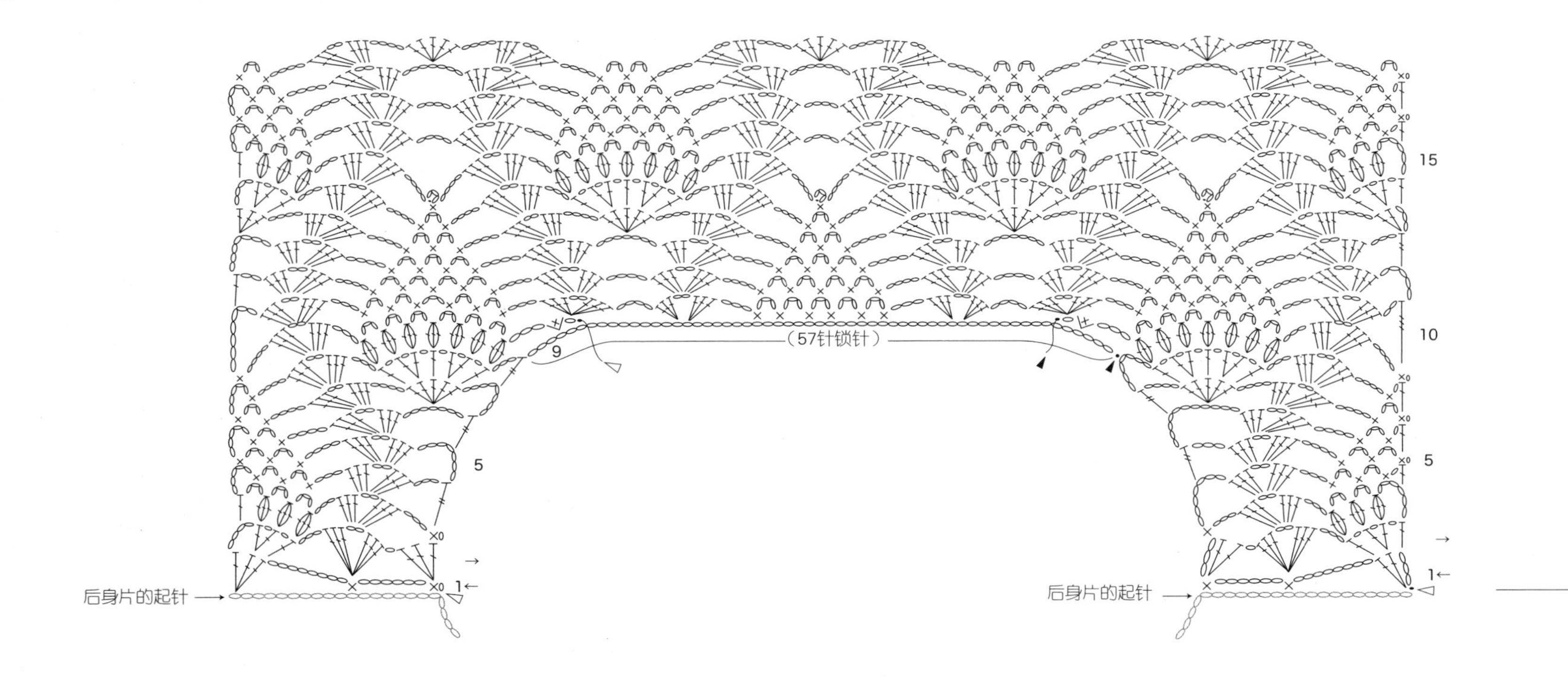

※后身片袖窿的加针同前身片一样

后领窝的编织图

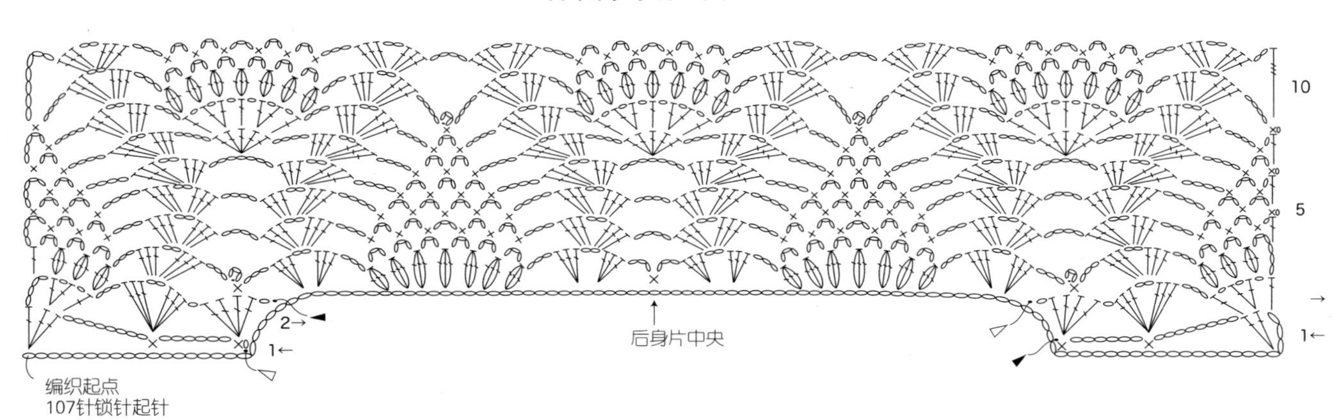

编织图

暂时休针，钩织衣领的短针之后再钩织边缘编织B

主体 编织花样B

编织花样A

1个花样

前门襟 边缘编织A

扣眼

边缘编织B 1个花样

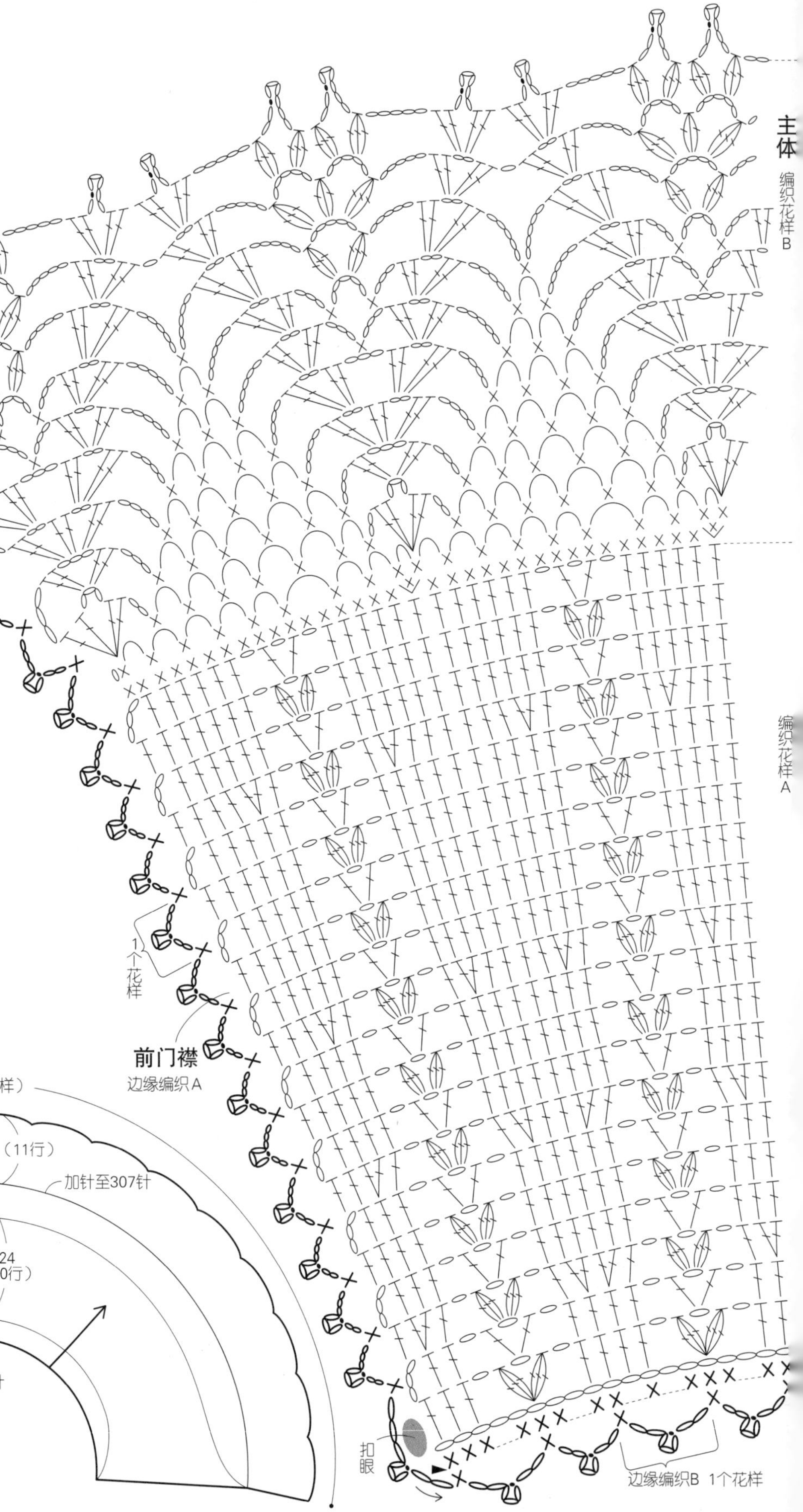

* **材料**
和麻纳卡 ALPACA MOHAIR FINE
粉红色（11）140g
* 配件
纽扣（直径 1.8cm）1 颗
* **工具**
和麻纳卡 AMIAMI 双头钩针 RAKURAKU 5/0 号
* **编织密度**
编织花样A：8.5cm为1个花样（最终行），10cm为8.5行
编织花样B：10cm为1个花样（最终行），10cm为10行
* **成品尺寸**
衣长约 36.5cm
* **编织方法**
1. 锁针起针，按编织花样 A、B 钩织主体。
2. 衣领钩织 1 行短针。
3. 从主体继续按边缘编织 A 钩织前门襟，从衣领的短针挑针，钩织边缘编织 B。
4. 缝上纽扣。

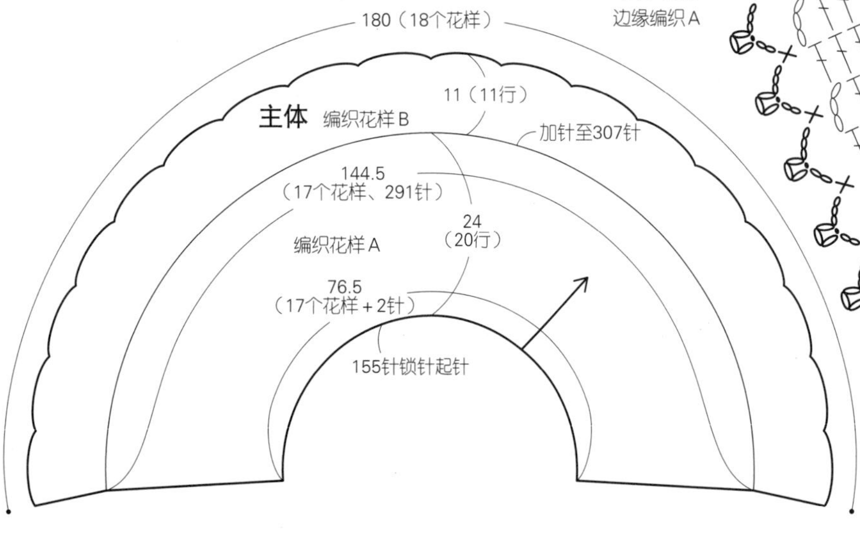

180（18个花样）
主体 编织花样B
11（11行）
加针至307针
144.5（17个花样、291针）
24（20行）
编织花样A
76.5（17个花样＋2针）
155针锁针起针

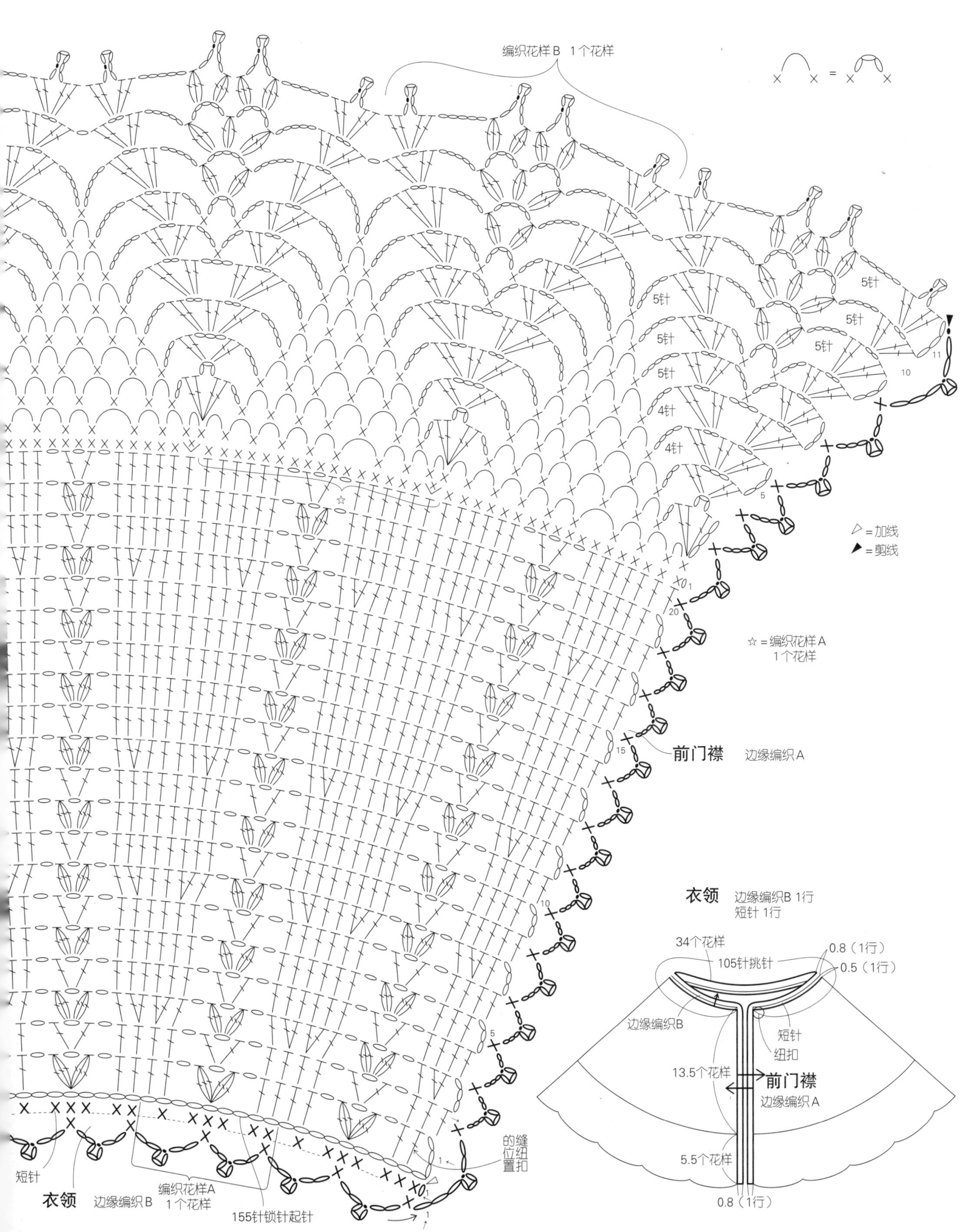

编织花样B 1个花样
= 加线
= 剪线
☆ = 编织花样A 1个花样
5针
4针
前门襟 边缘编织A
衣领 边缘编织B 1行
短针 1行
34个花样
105针挑针
0.8（1行）
0.5（1行）
边缘编织B
短针
纽扣
13.5个花样
前门襟
边缘编织A
5.5个花样
0.8（1行）
纽扣的缝位置
短针
衣领 边缘编织B
编织花样A 1个花样
155针锁针起针

23页 21

＊材料
和麻纳卡 ALPACA MOHAIR FINE
亮米色（2）50g
＊工具
和麻纳卡 AMIAMI 双头钩针 RAKURAKU 4/0 号
＊编织密度
编织花样 A：7cm 为 23 针，
10cm 为 8 行

＊成品尺寸
宽约 15cm，长约 125cm
＊编织方法
1. 锁针起针，按编织花样 A、B 钩织披肩。
2. 在编织花样 A 之后，继续钩织边缘编织和编织花样 B。

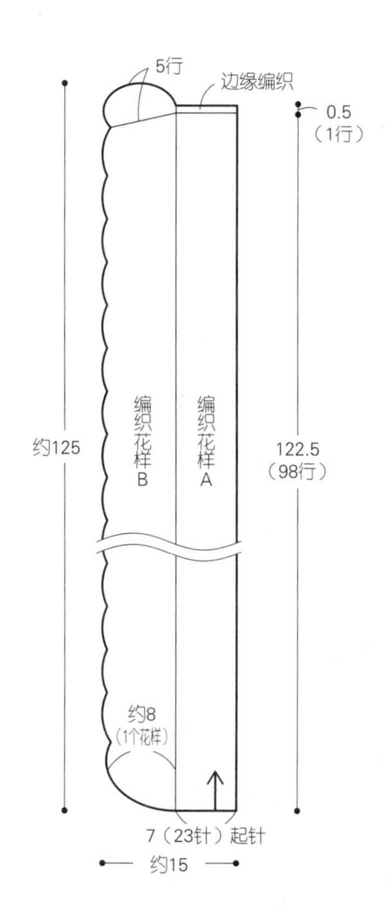

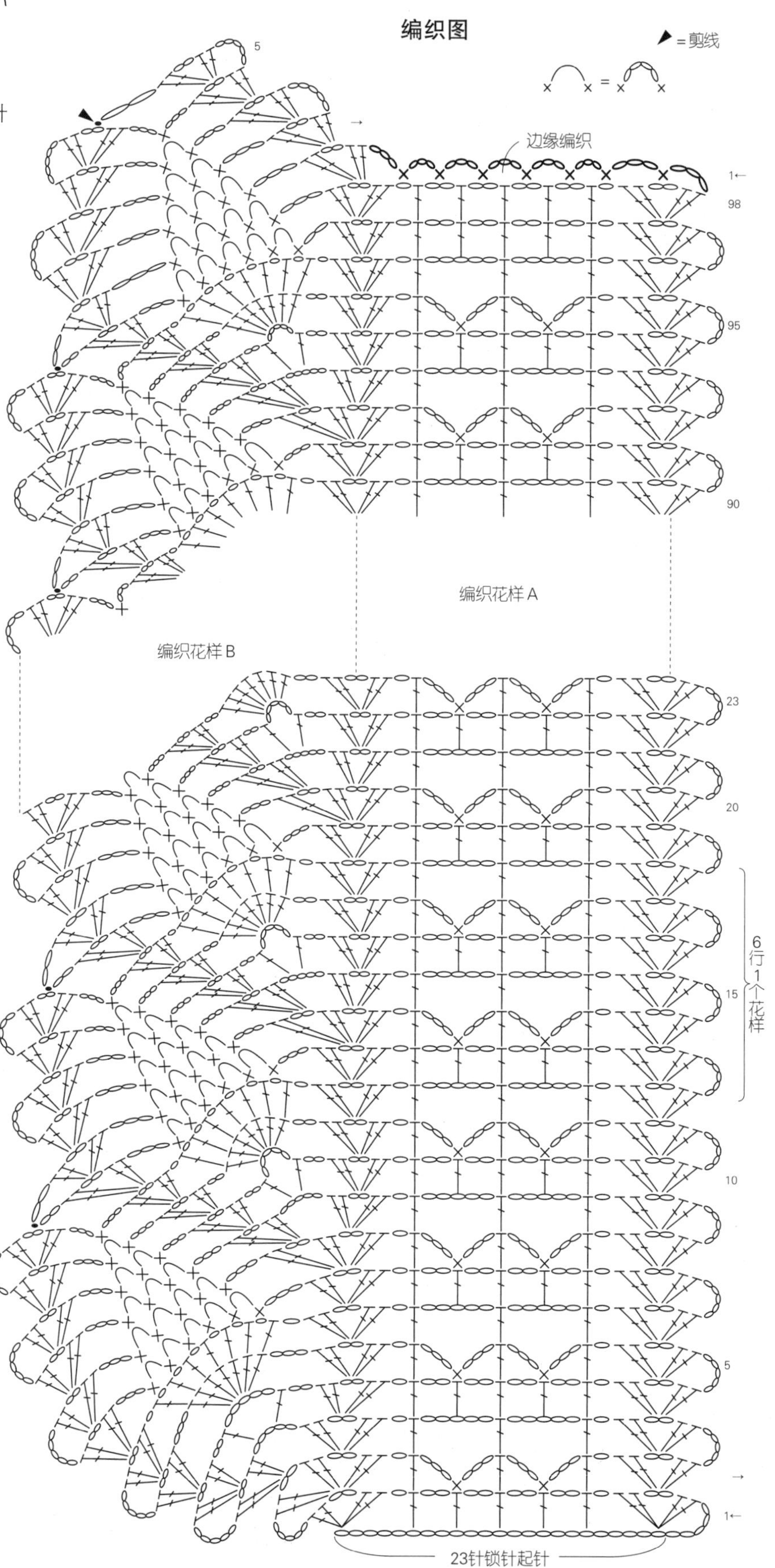

21页 # 19

* 材料

和麻纳卡 ALPACA MOHAIR FINE

深蓝色（19）90g

* 工具

和麻纳卡 AMIAMI 双头钩针 RAKURAKU 4/0 号

* 编织密度

编织花样：20cm 为 1 个花样（最终行），

10cm 为 8 行

* 成品尺寸

长 51cm

* 编织方法

线圈环形起针，按编织花样钩织。

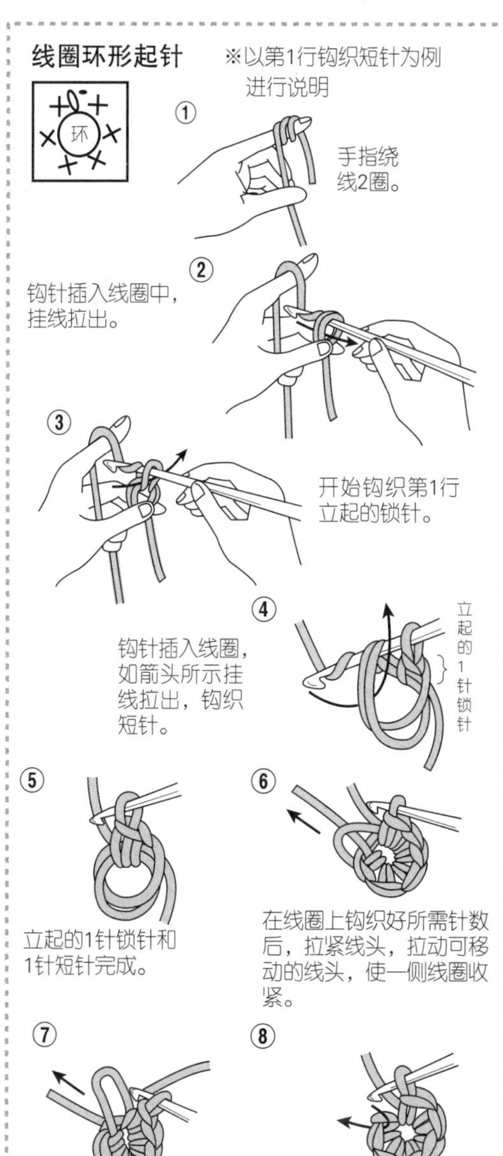

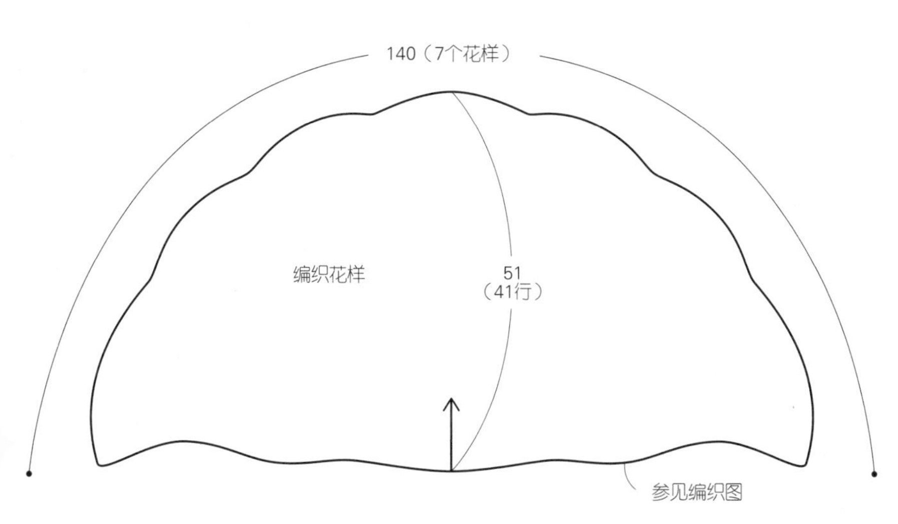

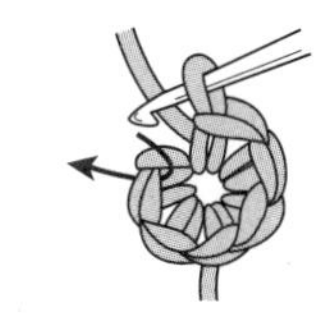

第1～11行的编织图

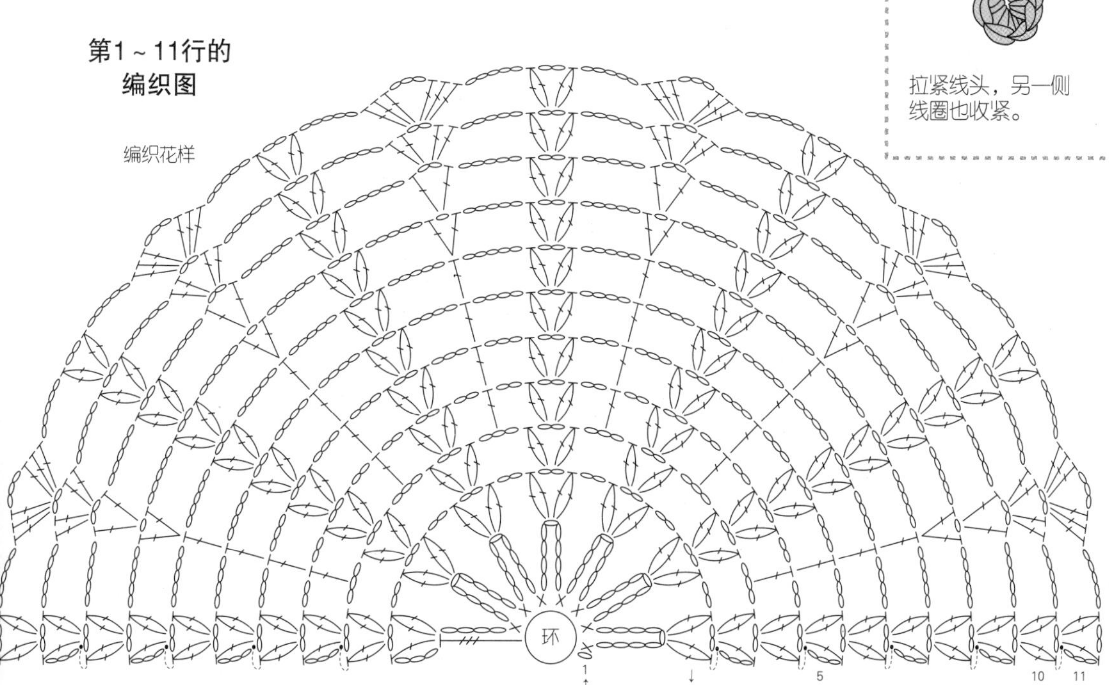

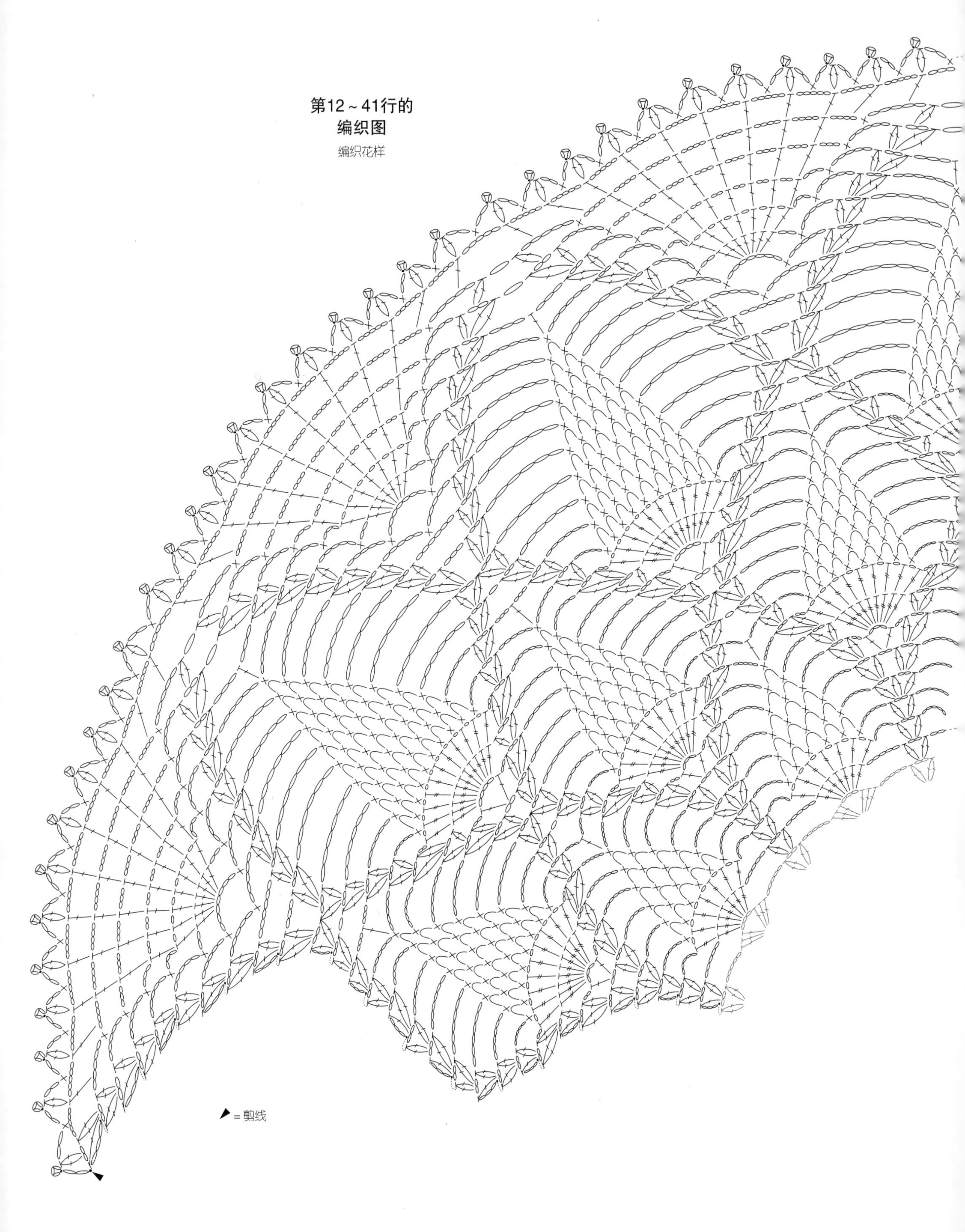
第12～41行的
编织图
编织花样
= 剪线

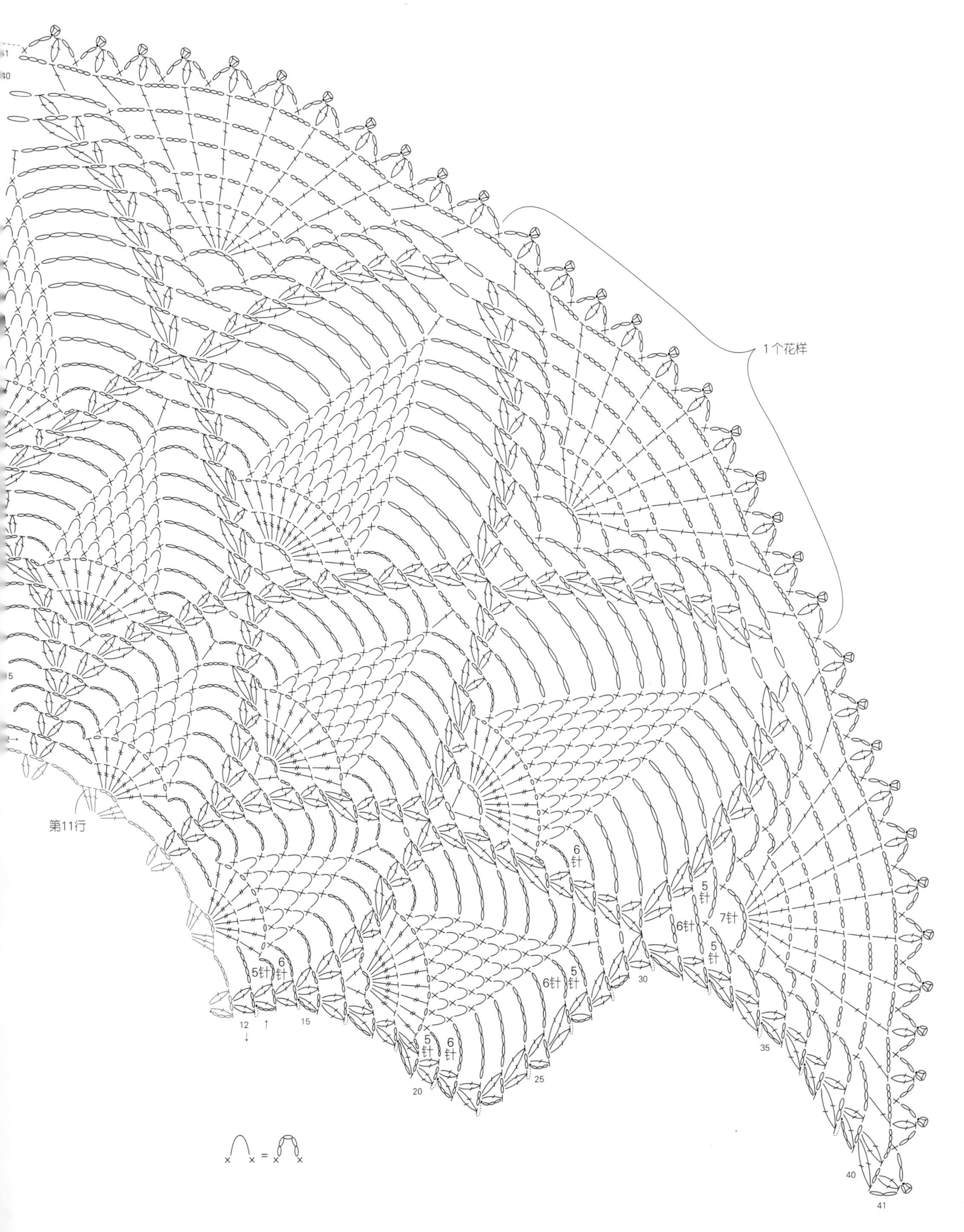
1个花样
第11行
5针
6针
6针
5针
6针
7针
5针
12
15
20
25
30
35
40
41
6针
5针
6针
5针

22页 **20**

* **材料**

和麻纳卡 ALPACA MOHAIR FINE

蓝绿色（7）185g

* **工具**

和麻纳卡 AMIAMI 双头钩针 RAKURAKU 5/0 号

* **编织密度**

编织花样 A：9.5cm 为 1 个花样，10cm 为 11.5 行

编织花样 B：8cm 为 1 个花样，10cm 为 10 行

* **成品尺寸**

宽 49.5cm，长 132cm

* **编织方法**

1. 锁针起针，按编织花样 A 钩织主体。接着，按编织花样 B 钩织荷叶边。
2. 从起针处挑针，另一侧也按编织花样 B 钩织荷叶边。
3. 两侧边分别钩织边缘编织。

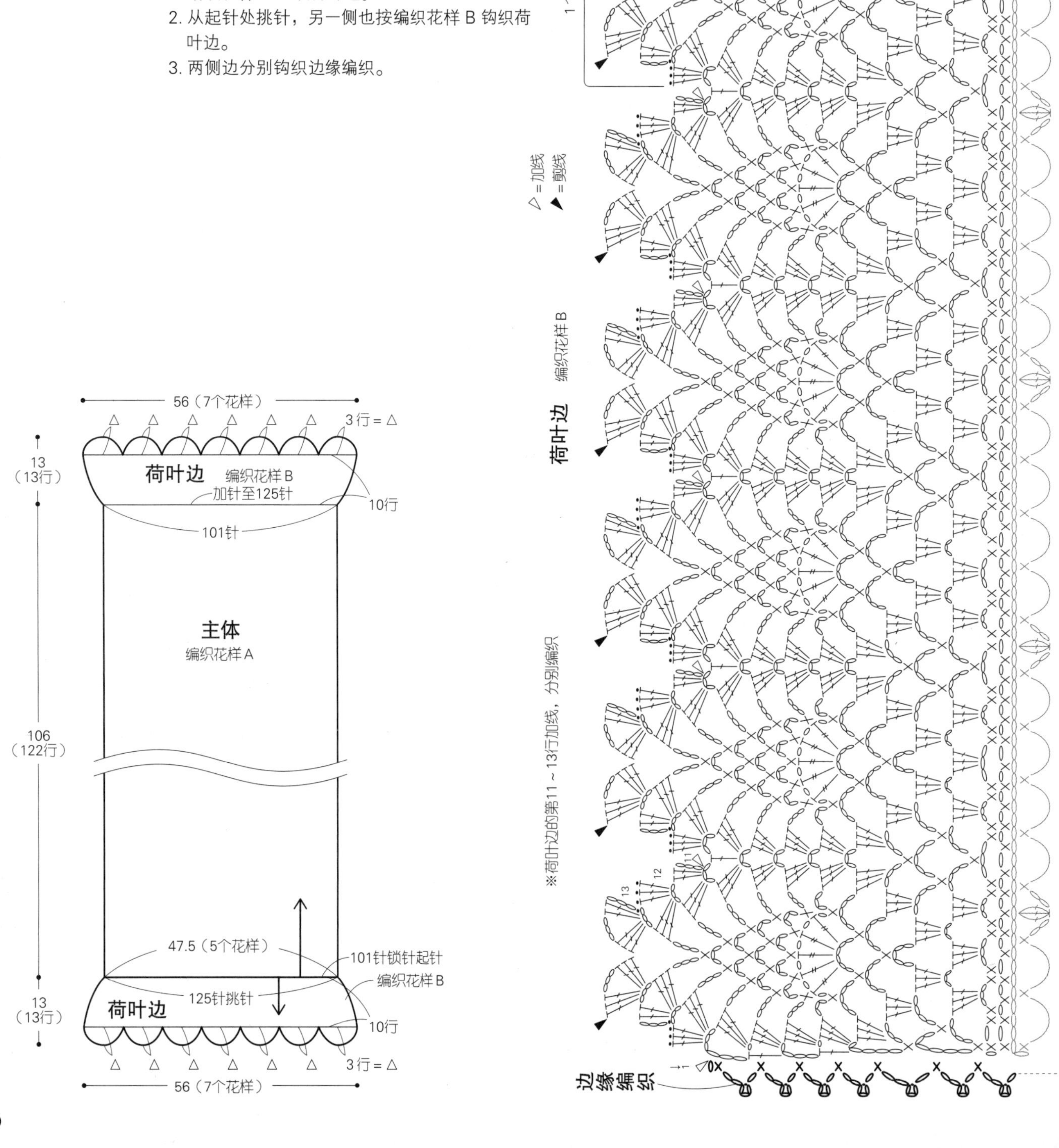

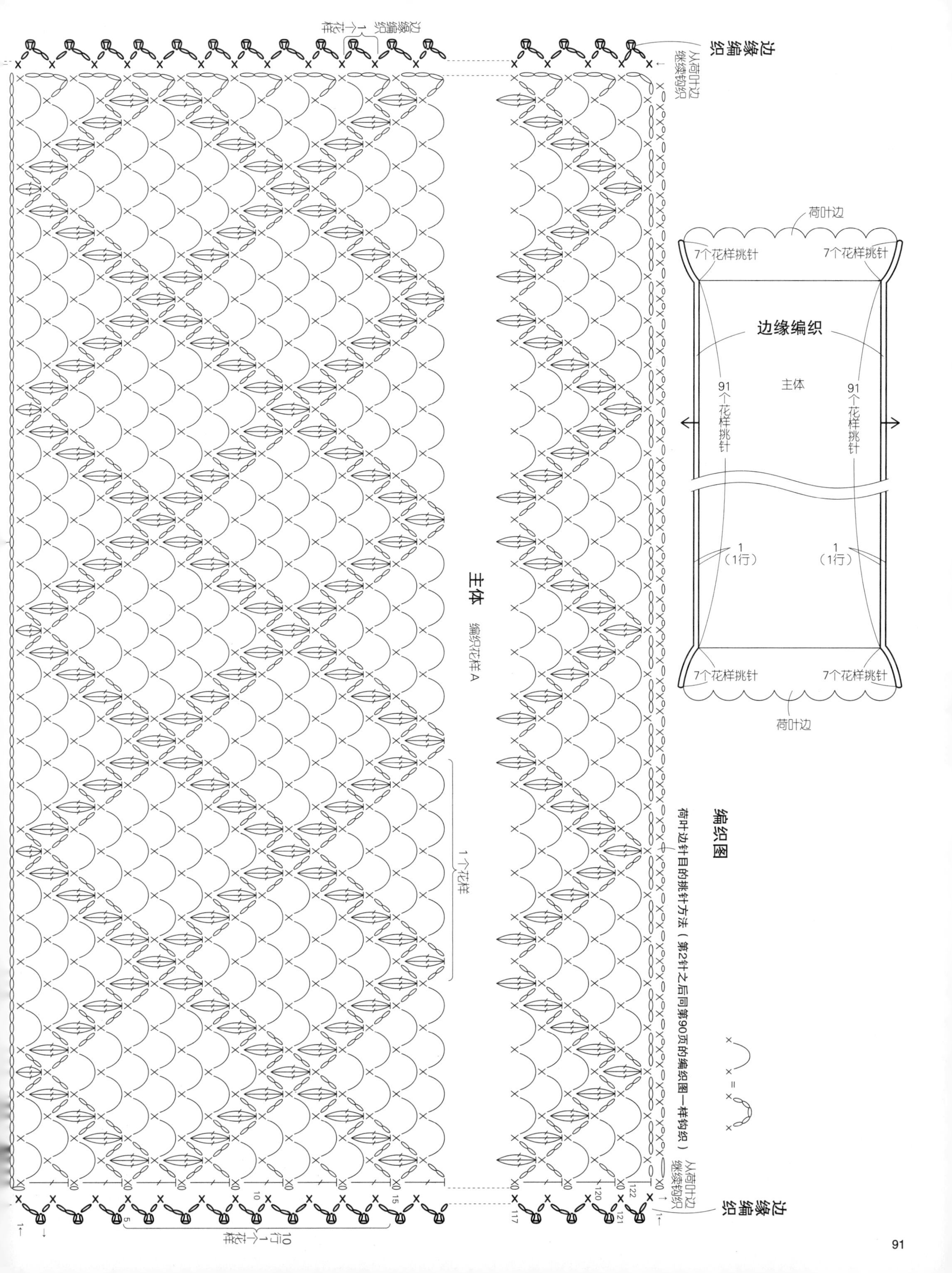

边缘编织
从荷叶边继续钩织
边缘编织 1个花样
主体
编织花样A
1个花样
10行 1个花样
荷叶边
7个花样挑针
7个花样挑针
边缘编织
主体
91个花样挑针
91个花样挑针
1（1行）
1（1行）
7个花样挑针
7个花样挑针
荷叶边
编织图
荷叶边针目的挑针方法（第2针之后同第90页的编织图一样钩织）
从荷叶边继续钩织
边缘编织

24页 **22**

＊材料
和麻纳卡 ALPACA MOHAIR FINE
原白色（1）200g
＊工具
和麻纳 AMIAMI 双头钩针 RAKURAKU 5/0 号
＊编织密度
编织花样：19cm 为 1 个花样（最大），10cm 为 9.5 行
＊成品尺寸
宽 47.5cm（最大），长 180cm

＊编织方法
1. 锁针起针，按编织花样钩织主体 A。
2. 从起针处挑针，按编织花样钩织主体 B。

42.5（2.5个花样）
主体A
编织花样
90（85行）
47.5（2.5个花样）
42.5（2.5个花样）
101针锁针起针
2.5个花样挑针
47.5（2.5个花样）
90（85行）
主体B
编织花样
42.5（2.5个花样）

主体B 编织花样

△＝加线
▲＝剪线

85 80 75 70

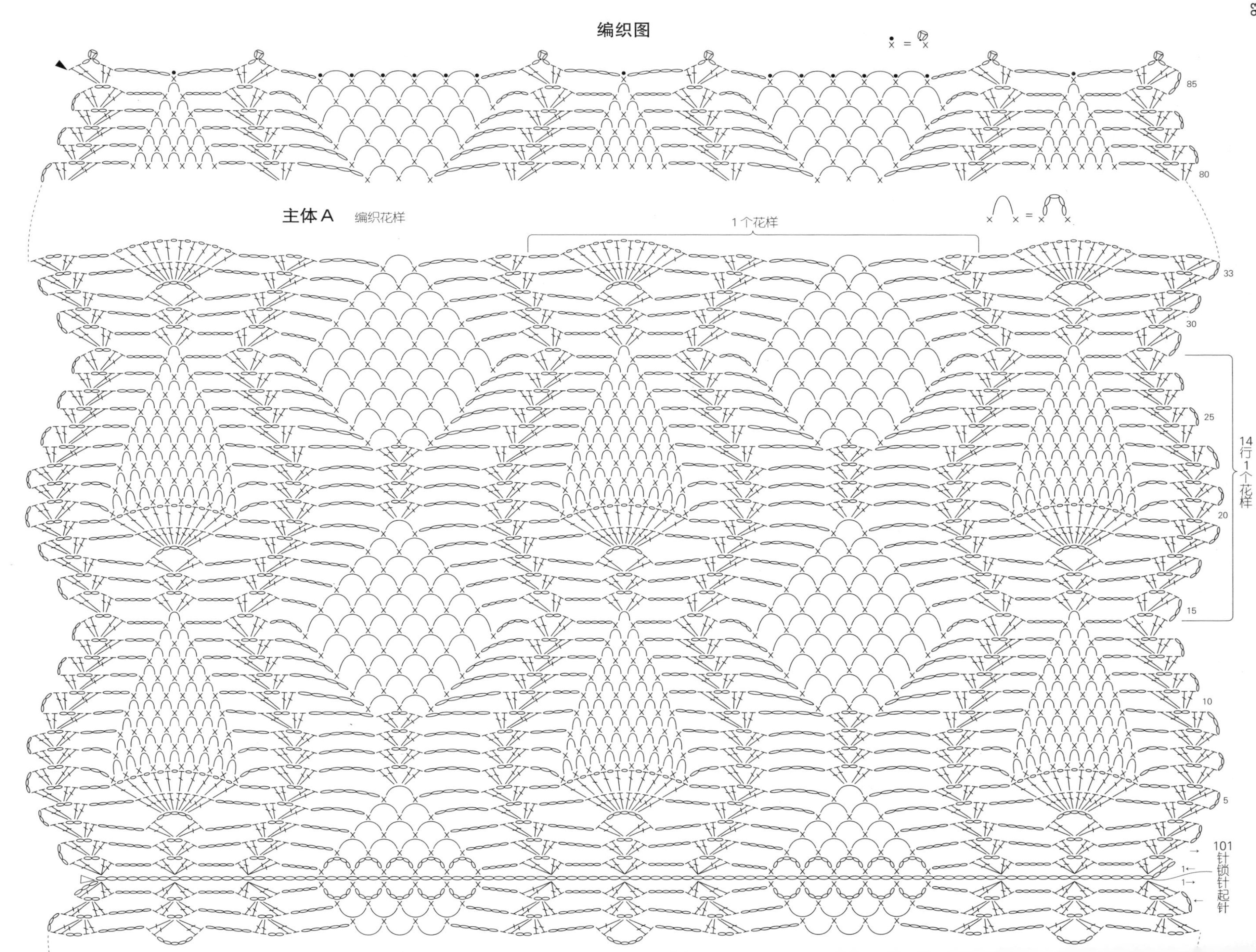
编织图
主体A
编织花样
1个花样
14行1个花样
101针锁针起针
85
80
33
30
25
20
15
10
5
1

25页 23

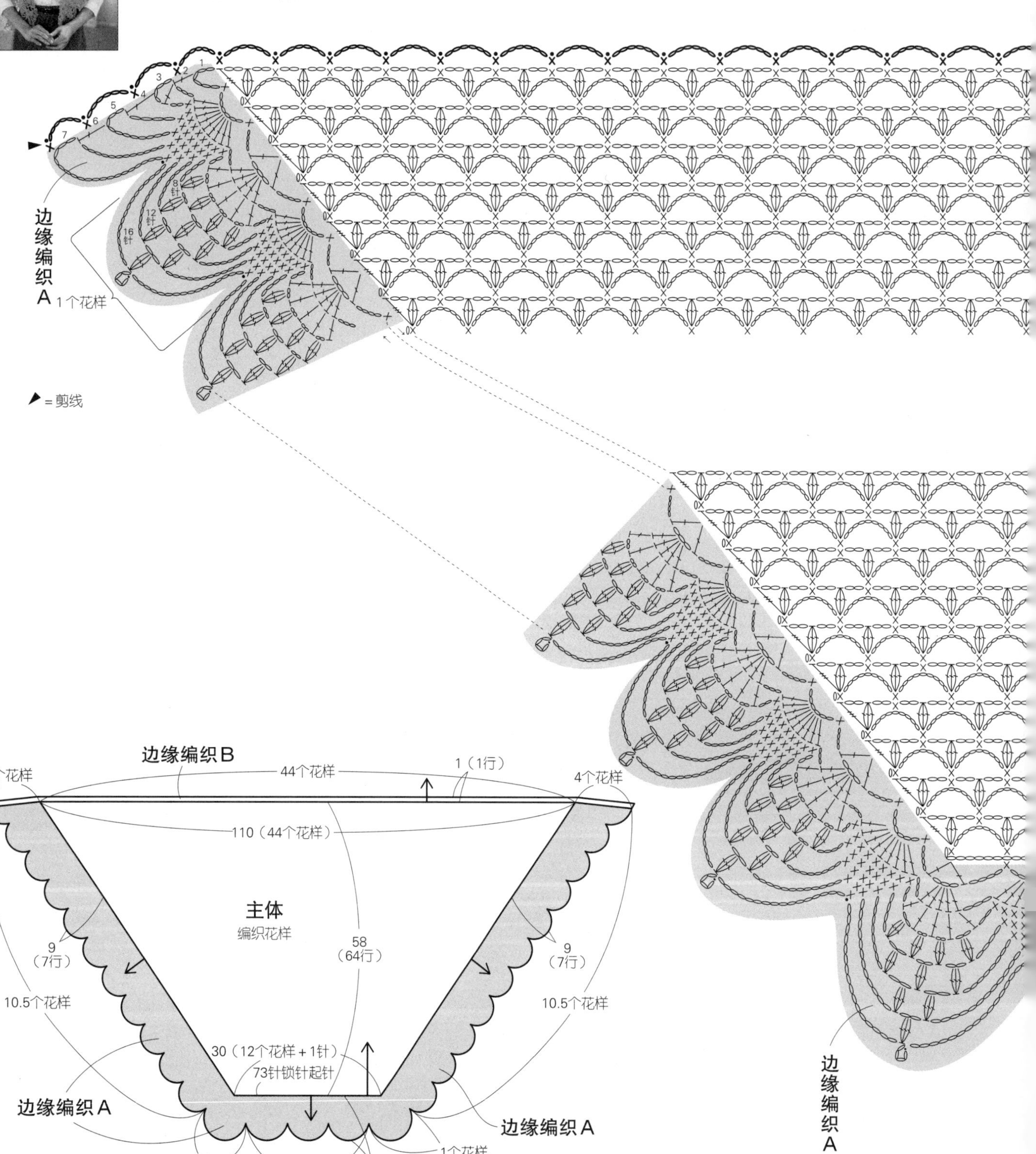

*材料
和麻纳卡 ALPACA MOHAIR FINE
粉红色（11）140g
*工具
和麻纳卡 AMIAMI 双头钩针 RAKURAKU 4/0号
*编织密度
10cm×10cm面积内：
编织花样4个花样，11行

*成品尺寸
长68cm
*编织方法
1. 锁针起针，按编织花样钩织主体。
2. 接着，按编织图钩织一圈边缘编织A、B。

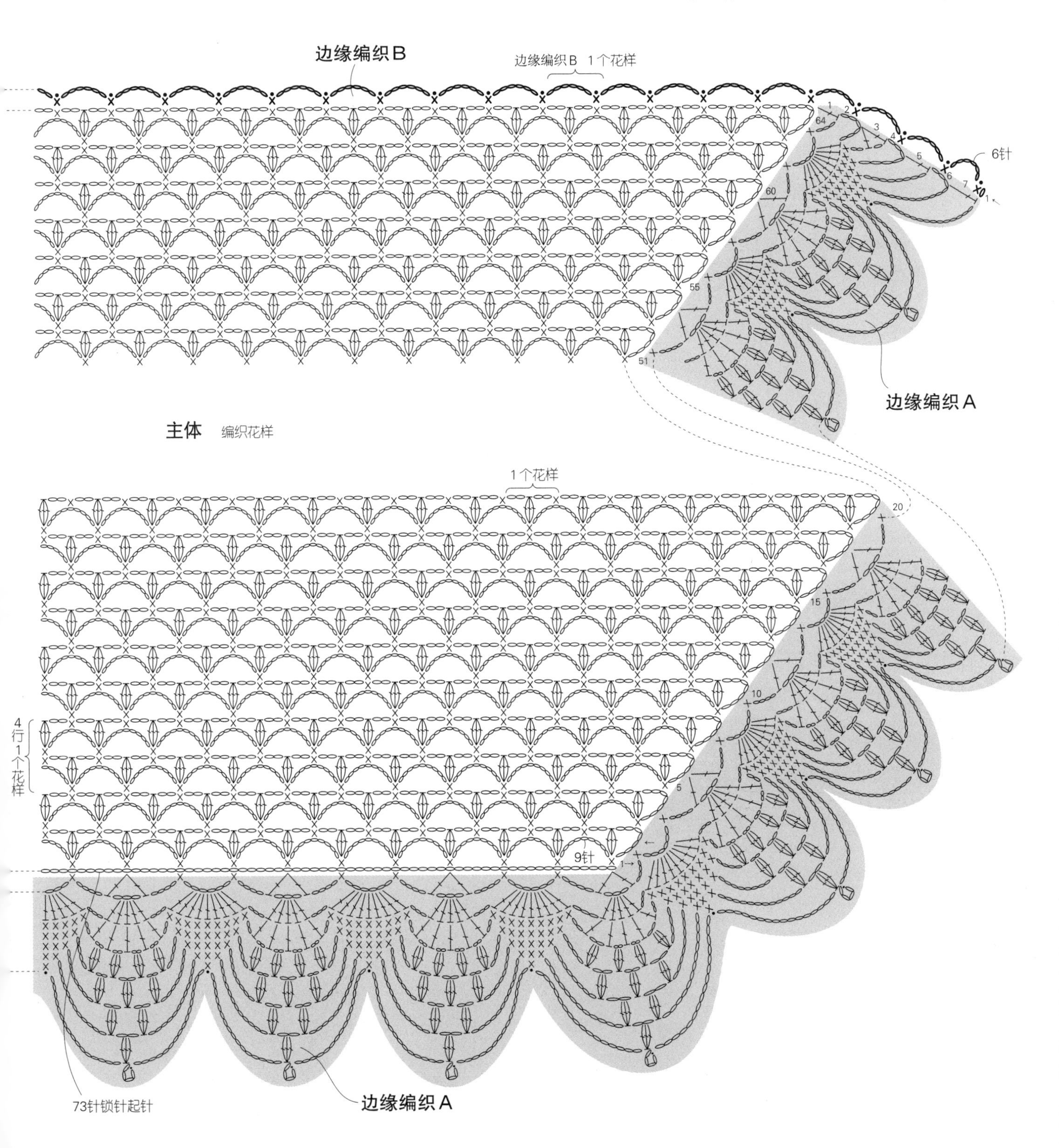

X = X
边缘编织B
边缘编织B 1个花样
6针
边缘编织A
主体 编织花样
1个花样
4行1个花样
9针
73针锁针起针
边缘编织A

28页 26

*材料

和麻纳卡 ALPACA MOHAIR FINE

亮米色（2）25g

*工具

和麻纳卡 AMIAMI双头钩针RAKURAKU 4/0号

*编织密度

编织花样：9cm为1个花样（最终行），

8.5cm为11行

*成品尺寸

颈围49cm（不含系绳）

*编织方法

1. 锁针起针，按编织花样钩织主体。
2. 接着，按边缘编织钩织主体周围。
3. 锁针起针，如图所示编织系绳。然后，在边缘编织的☆标记处引拔系绳。同样的系绳制作2条。

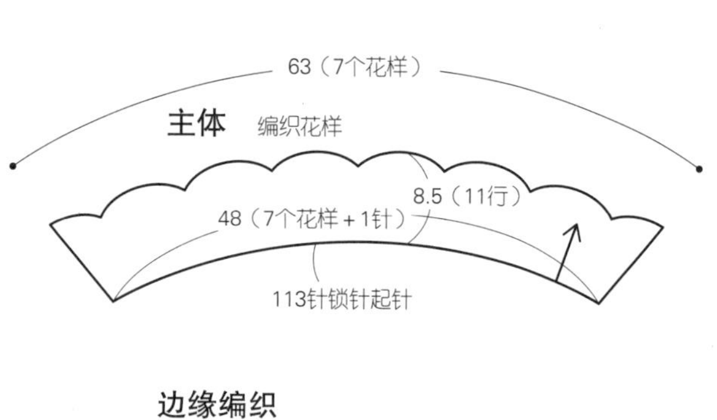

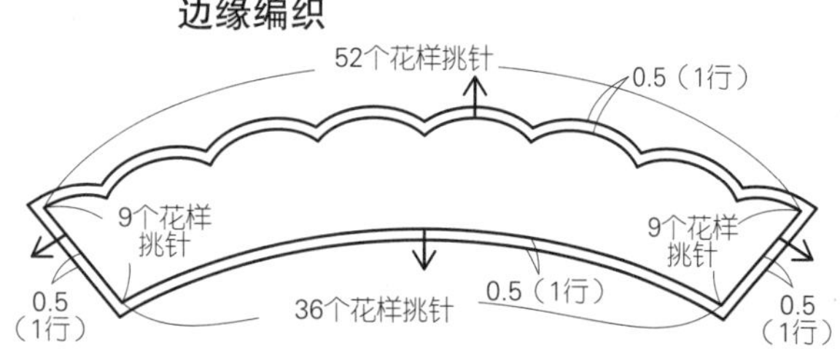

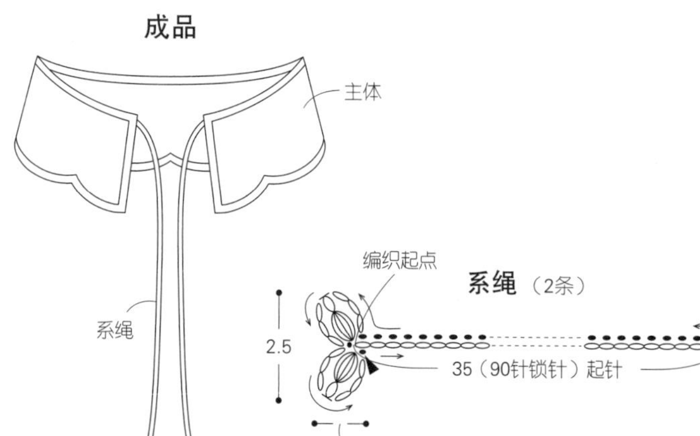

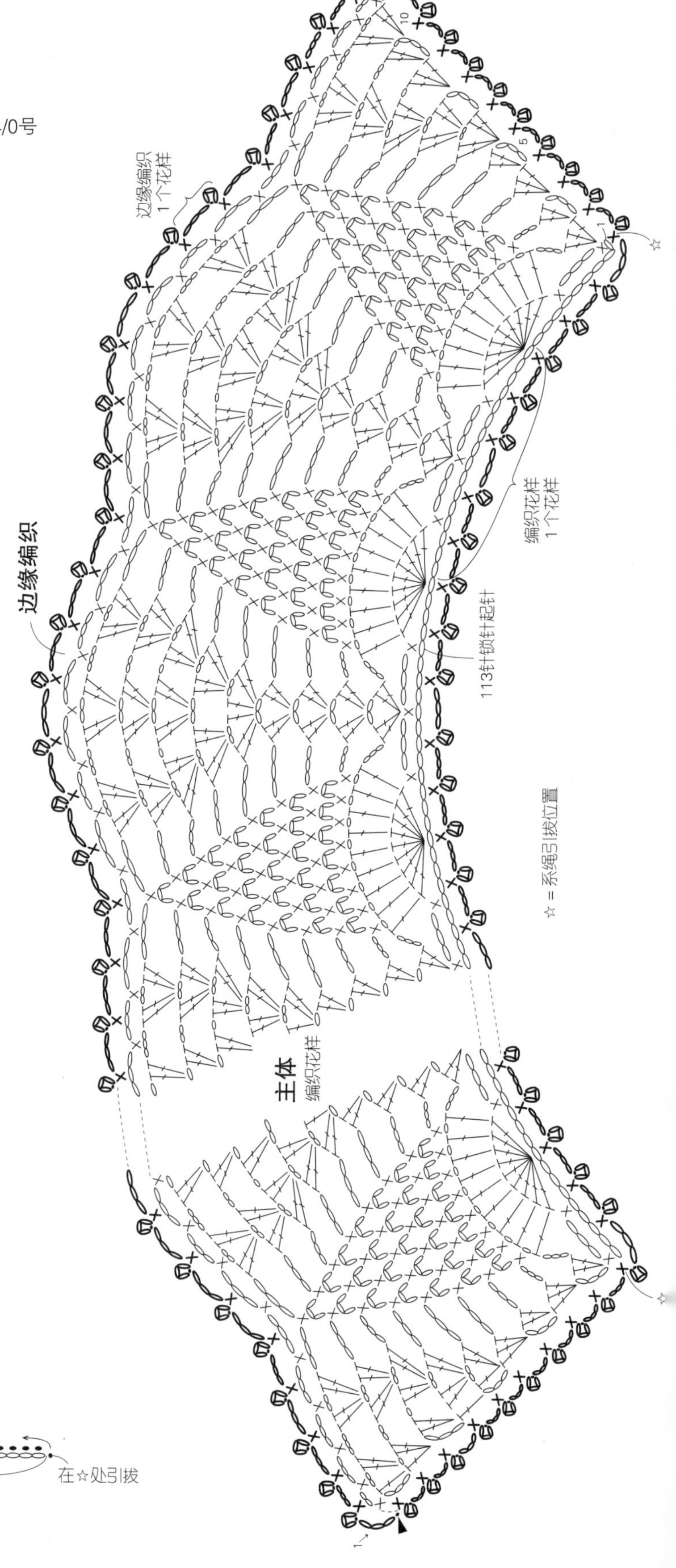

* **材料**
和麻纳卡 ALPACA MOHAIR FINE
浅褐色（3）225g
* **工具**
和麻纳卡 AMIAMI 双头钩针 RAKURAKU 4/0 号
* **配件**
纽扣（直径 1.5cm）10 颗
* **编织密度**
编织花样：7cm 为 1 个花样，10cm 为 10 行
* **成品尺寸**
宽 44cm，长 156cm

* **编织方法**
1. 钩织起针行后，按编织花样钩织主体 A。
2. 从起针行挑针，按编织花样钩织主体 B。
3. 接着主体 B，按边缘编织 A、B 在四周钩织一圈。
   边钩织边缘编织第 2 行，边在指定位置制作纽襻。
4. 缝上纽扣。

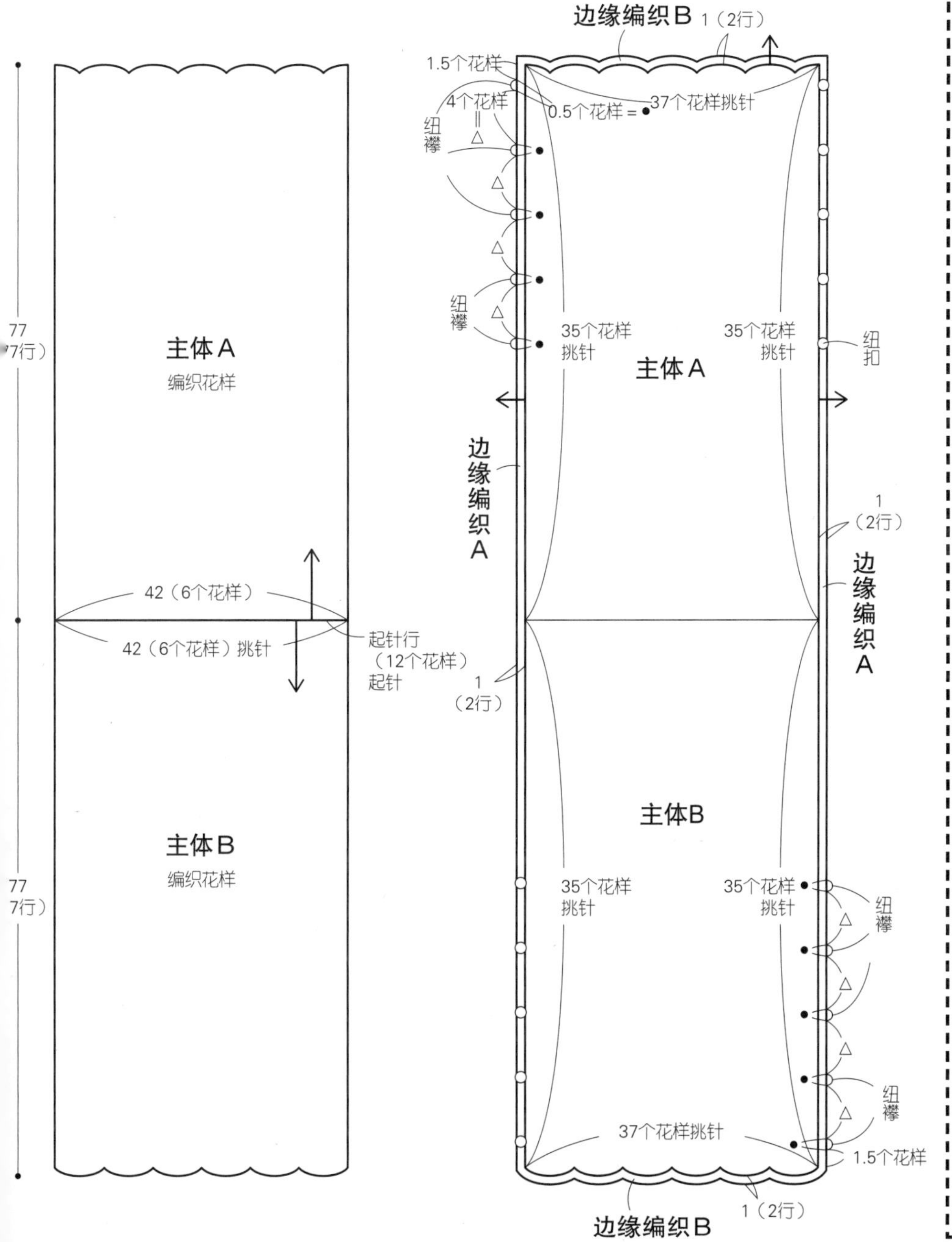

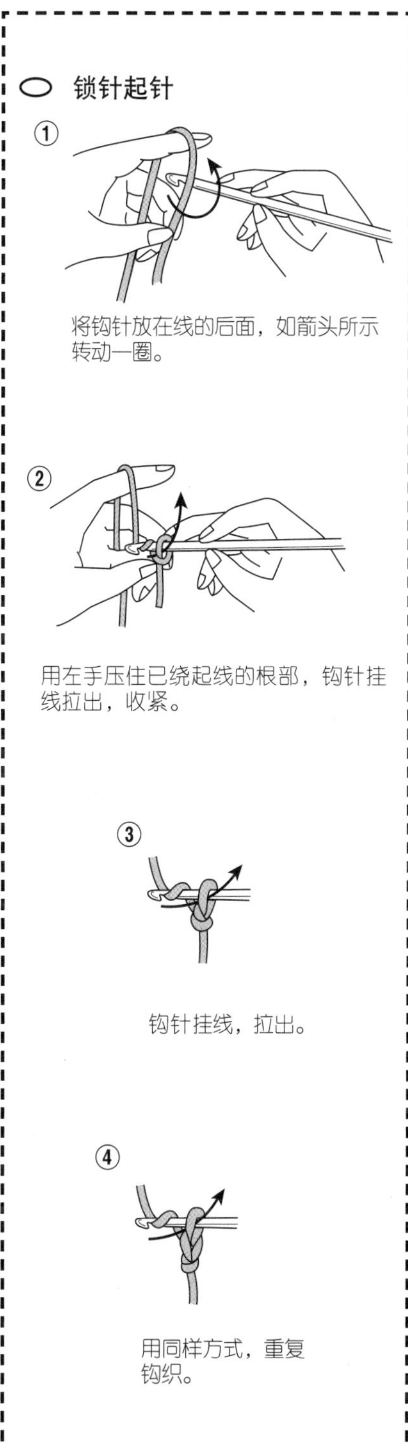

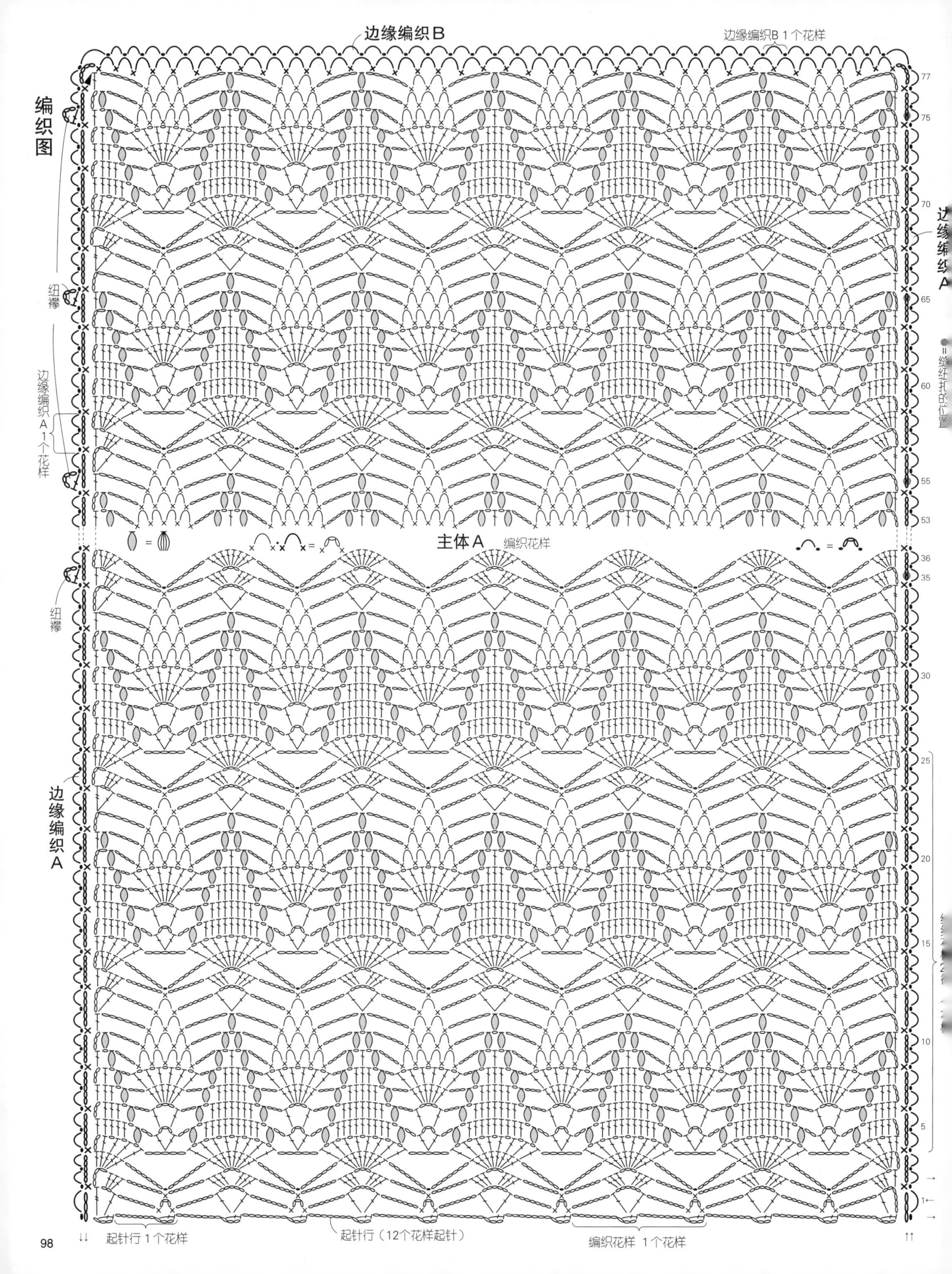
编织图
边缘编织B
边缘编织B 1个花样
纽襻
边缘编织A 1个花样
边缘编织A
●=缝纽扣的位置
主体A 编织花样
起针行 1个花样
起针行（12个花样起针）
编织花样 1个花样
77
75
70
65
60
55
53
36
35
30
25
20
15
10
5
1

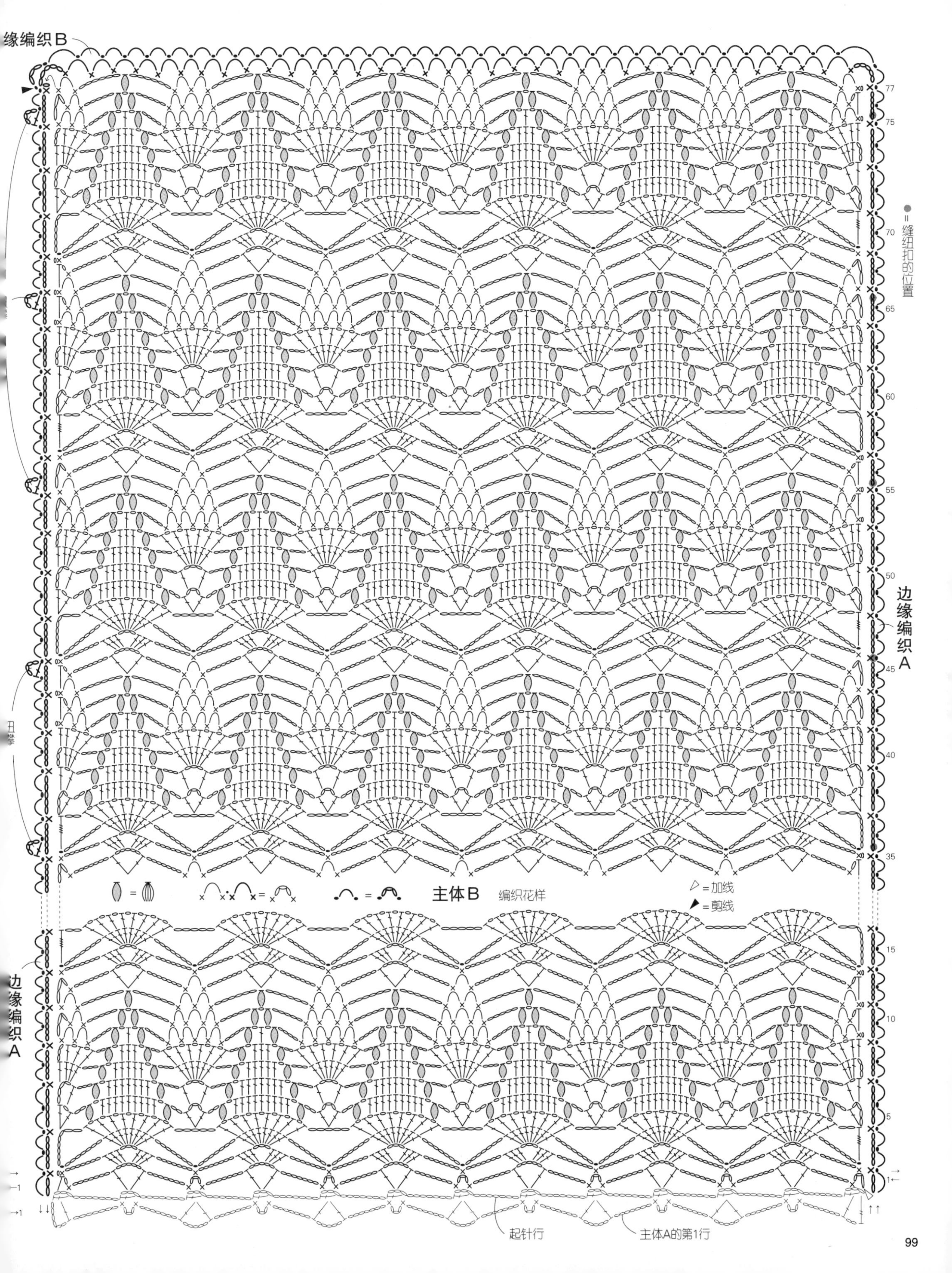

缘编织B
缝纽扣的位置
边缘编织A
主体B 编织花样
=加线
=剪线
边缘编织A
起针行
主体A的第1行
77
75
70
65
60
55
50
45
40
35
15
10
5
1

27页 25

＊材料

和麻纳卡 ALPACA MOHAIR FINE

酒红色（17）50g

＊工具

和麻纳卡 AMIAMI 双头钩针 RAKURAKU 4/0 号

＊编织密度

10cm×10cm面积内:编织花样1个花样，8.5行

＊成品尺寸

宽 10cm，长 182cm

＊编织方法

1. 锁针起针，按编织花样钩织主体 A。
2. 从起针处挑针，按编织花样钩织主体 B。

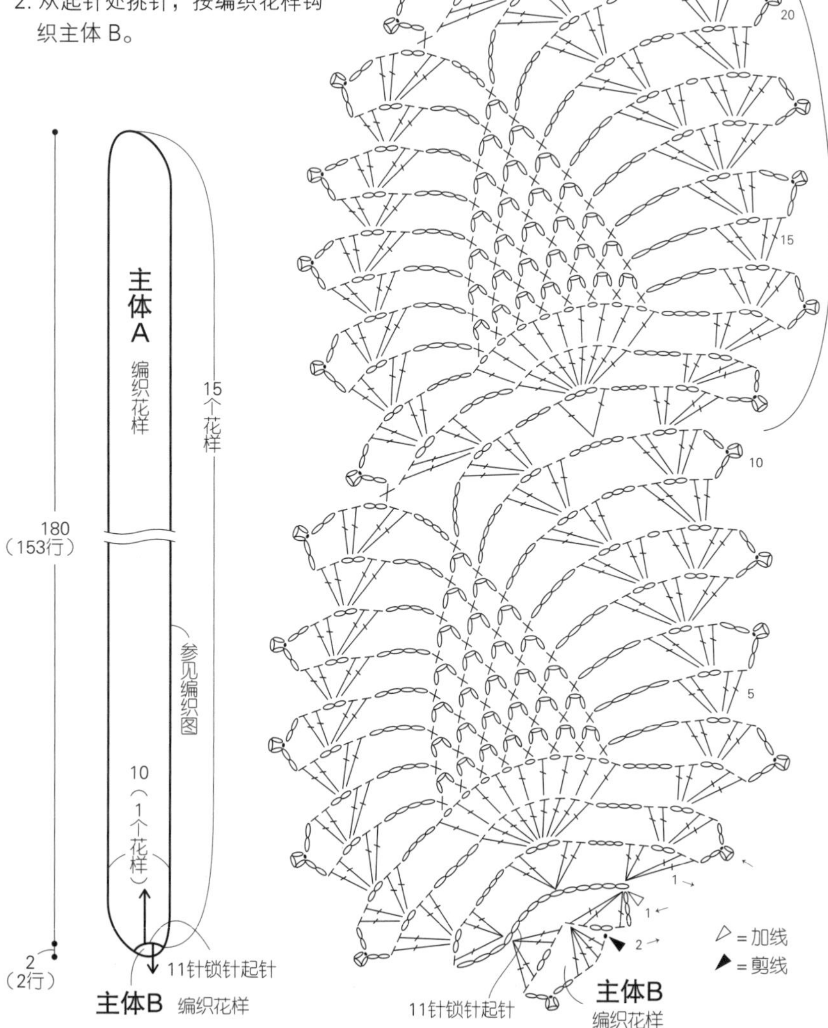

29页 27

＊材料

和麻纳卡 ALPACA MOHAIR FINE

紫色（10）40g

＊配件

纽扣（直径 1.5cm）2 颗

＊工具

和麻纳卡 AMIAMI双头钩针 RAKURAKU 4/0号

＊编织密度

编织花样A：10cm为27针，5cm为6行

编织花样B：9.5cm为1个花样（最终行），10cm为8行

编织花样C：11cm为1个花样（最终行），6.5cm为7行

＊成品尺寸

颈围 46cm

＊编织方法

1. 锁针起针，按编织花样 A 钩织织带。接着，按编织花样 B 钩织下层装饰领。
2. 从起针处挑针，按编织花样 C 钩织上层装饰领。
3. 上层装饰领的两条侧边钩织边缘编织。
4. 缝上纽扣。

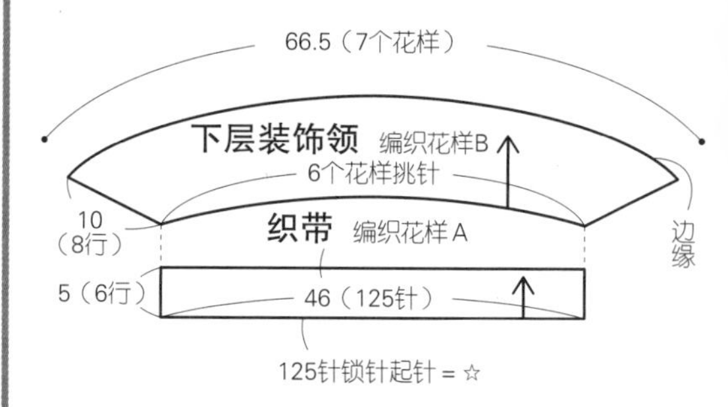

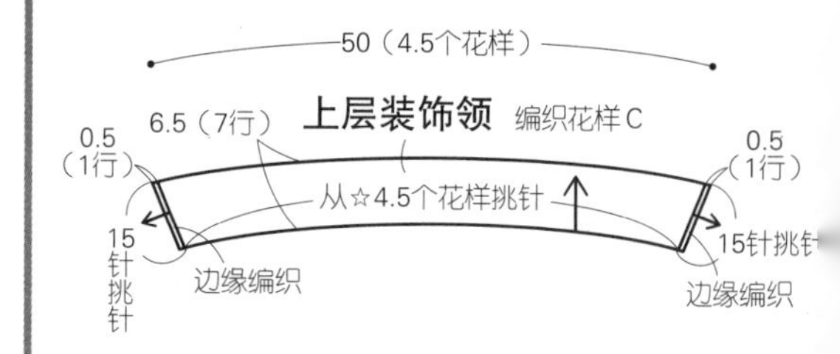

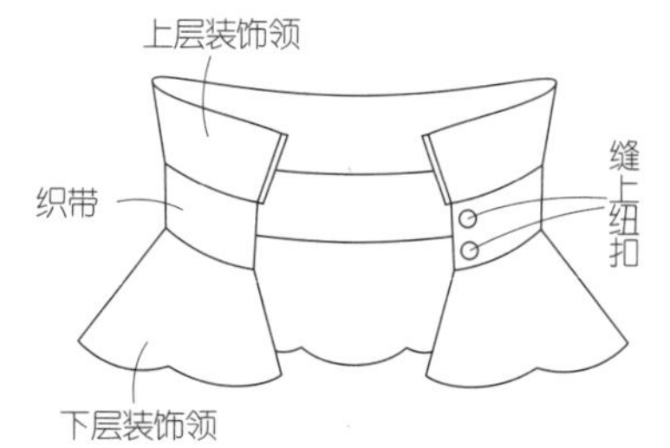

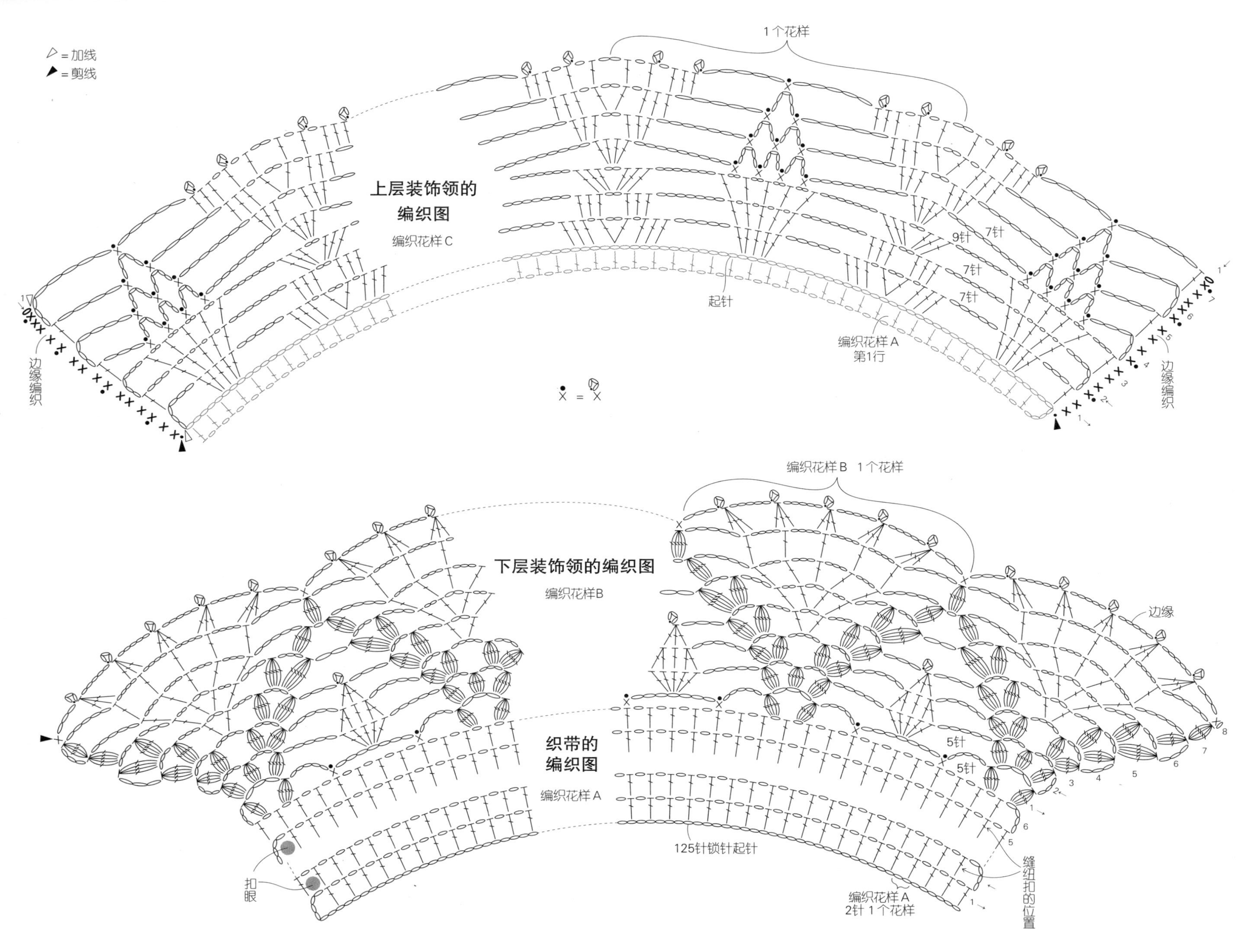
△ = 加线
▲ = 剪线
1个花样
上层装饰领的
编织图
编织花样 C
9针
7针
7针
7针
起针
编织花样 A
第1行
边缘编织
边缘编织
下层装饰领的编织图
编织花样B
编织花样 B 1个花样
边缘
织带的
编织图
编织花样 A
5针
5针
125针锁针起针
扣眼
编织花样 A
2针 1个花样
缝纽扣的位置

31页 29

＊材料

和麻纳卡 FLAX C

米色（2）100g

紫色（5）100g

原白色（1）10g

＊工具

和麻纳卡 AMIAMI 双头钩针RAKURAKU 2/0 号

＊成品尺寸

长 147cm，宽 40cm

＊编织方法

1. 锁针起针连接成环，钩织 1 片花片 A。
2. 从第 2 片花片之后，另一片都在钩织最终行的同时和相邻的花片连接，共钩织 28 片花片 A。
3. 锁针起针连接成环，共钩织 18 片花片 B 填充花片 A 的间隙。

花片的排列方式

※花片A按1～28的顺序交替用紫色线和米色线钩织连接

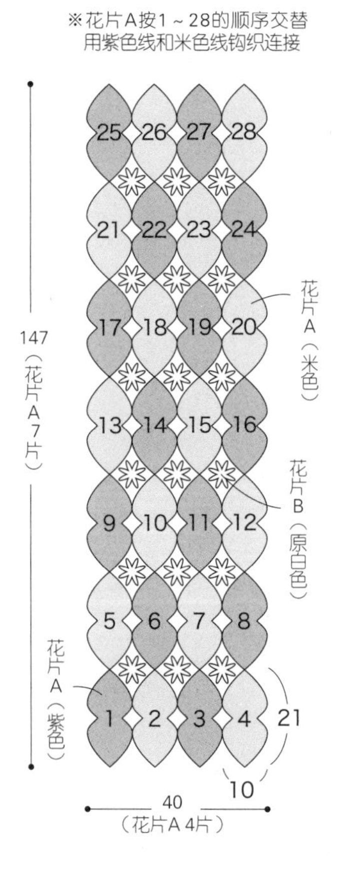

花片A、B的编织图和连接方法

※按引拔针连接于箭头前方的针目

基础针法

●接合、缝合

卷针缝合（针与针缝合）

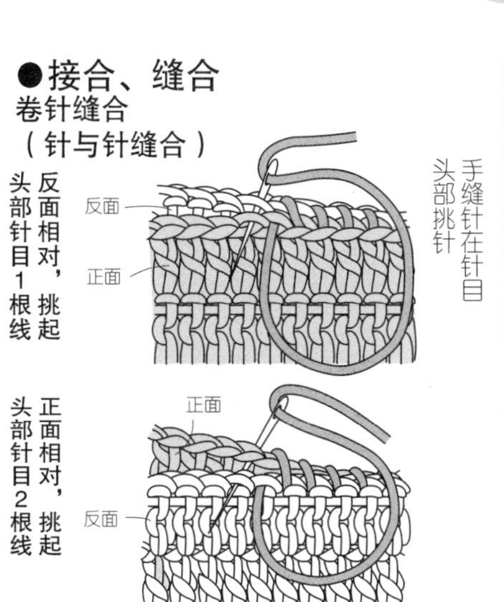

卷针缝合（行与行缝合）

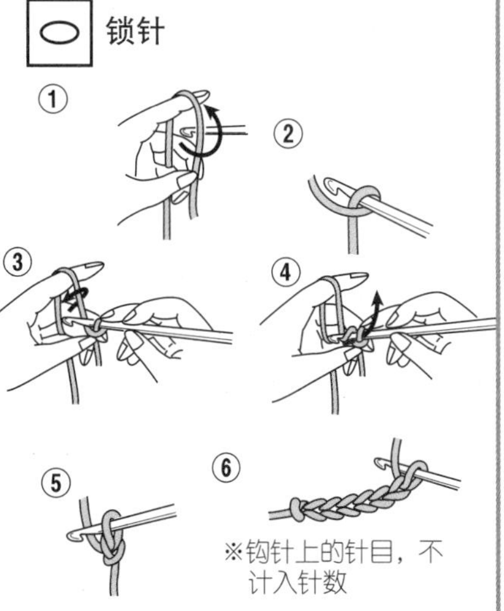

挑针缝合（针与针缝合）

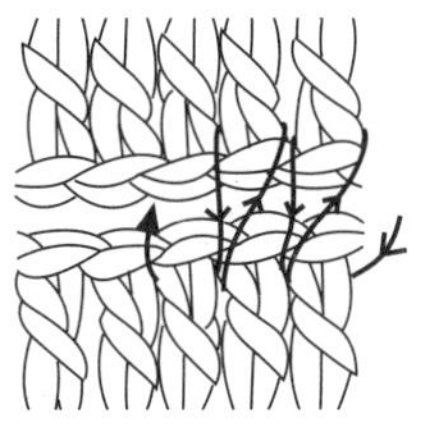

手缝针穿线后，如箭头所示挑起头部下方2根线。锁针时，挑起锁针的中央。

挑针缝合（行与行缝合）

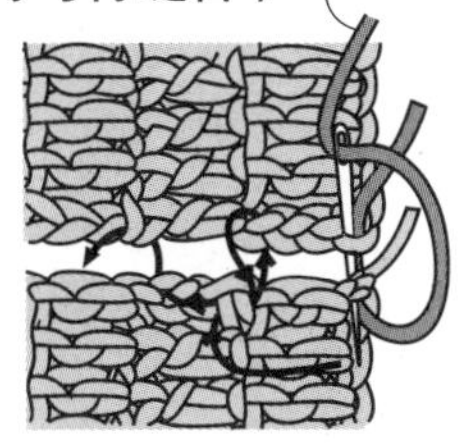

对齐织片，如箭头所示挑针。

引拔针接合

反面相对，挑起头部1根线

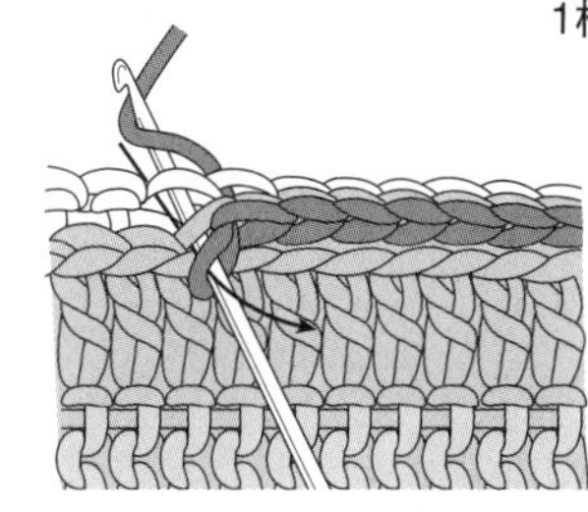

※引拔针缝合是用同样的方法

锁针和引拔针接合（短针）

※锁针和引拔针缝合是用同样的方法

锁针的针数可根据织片进行调节

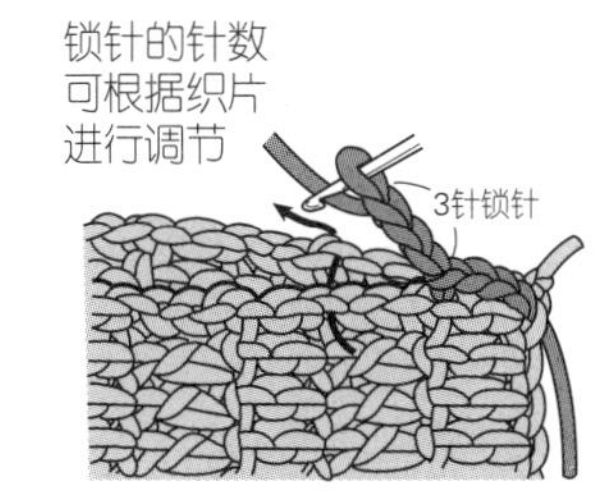

2片织片正面相对重合，如箭头所示一并挑起行和行的边界，钩织引拔针。接着，钩织3针锁针。

※若为“锁针和短针接合”，则钩织的引拔针换为短针

锁针

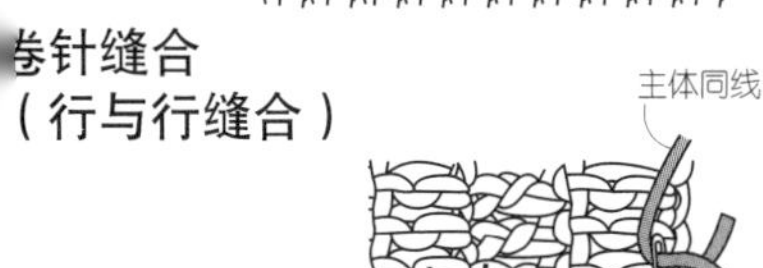

①②③④⑤⑥

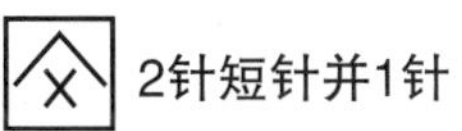

※钩针上的针目，不计入针数

引拔针

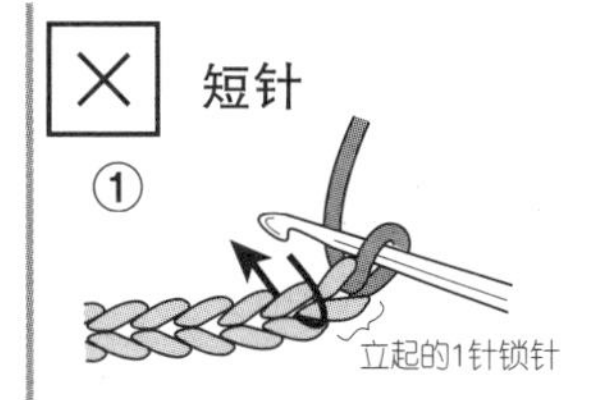

① 如箭头所示插入钩针。

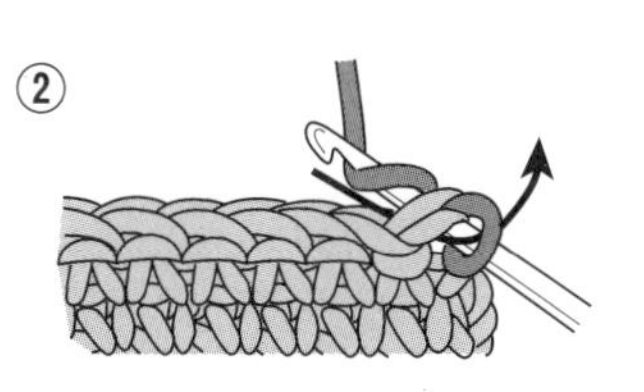

② 挂线，一并引拔。

短针

① 如箭头所示插入钩针。

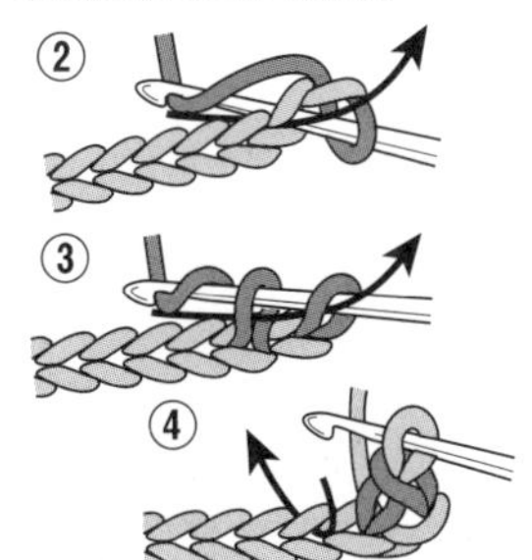

②③④

中长针

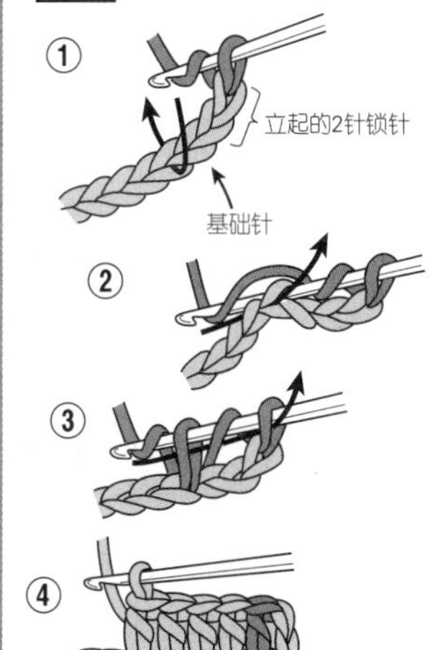

①②③④

2针短针并1针

① 钩织2针未完成的短针。

② 一并引拔。

③

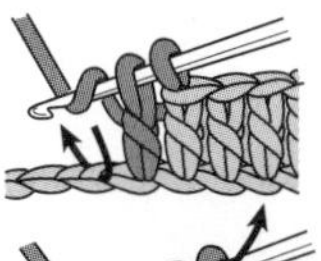

※“未完成”是指：之后引拔1次的话，针目（短针、长针等）为未完成的状态

2针长针并1针

① 钩织2针未完成的长针。

② 一并引拔。

③

1针放3针短针

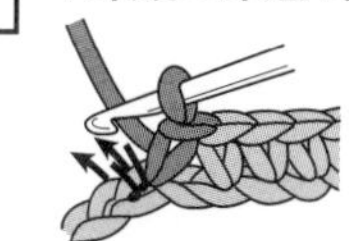

① 钩织1针短针。

② 在同一针目中，再钩织2针短针。

③

长针

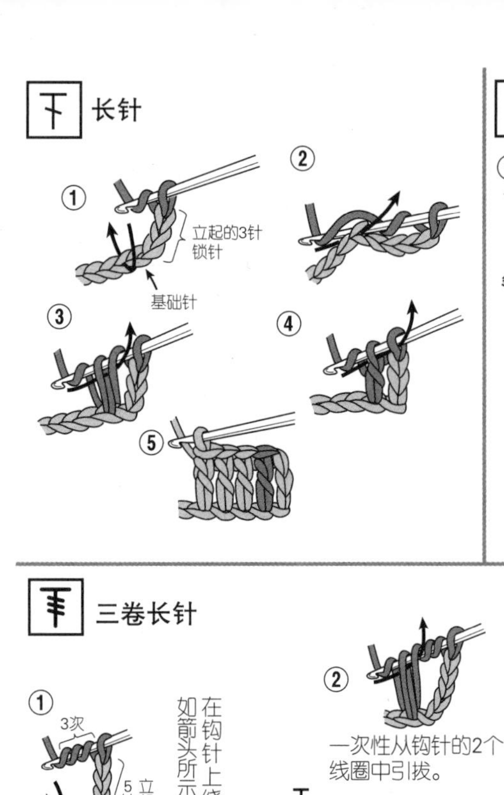

长长针

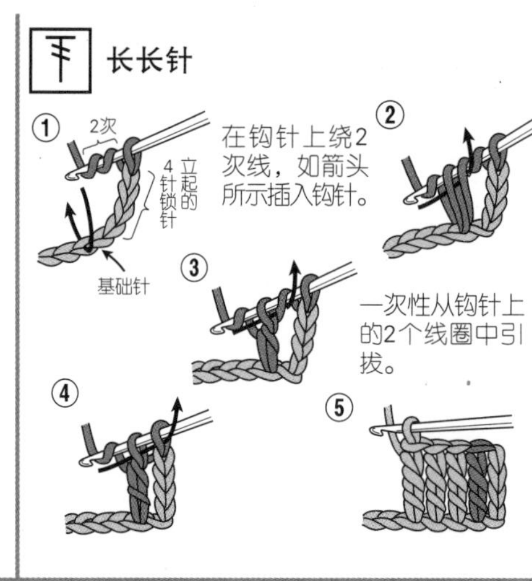

在钩针上绕2次线，如箭头所示插入钩针。

一次性从钩针上的2个线圈中引拔。

狗牙针

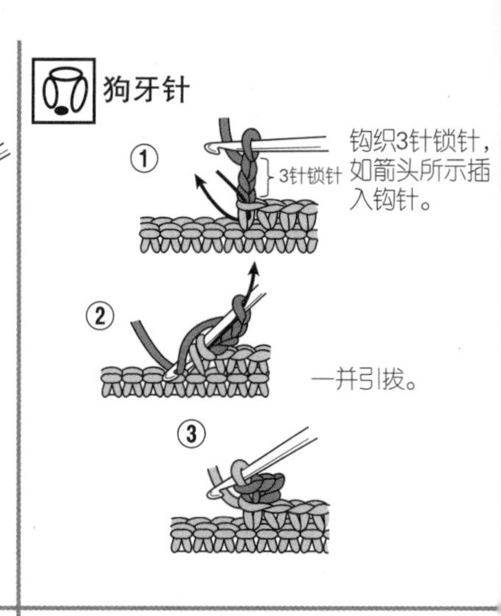

① 钩织3针锁针，如箭头所示插入钩针。

② 一并引拔。

三卷长针

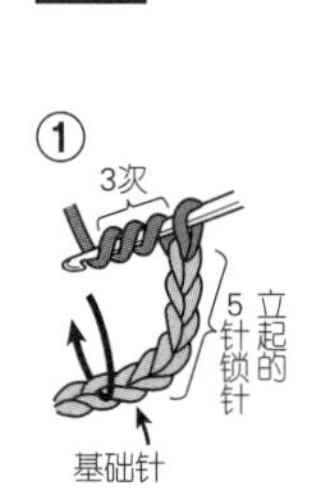

在钩针上绕3次线，如箭头所示插入钩针。

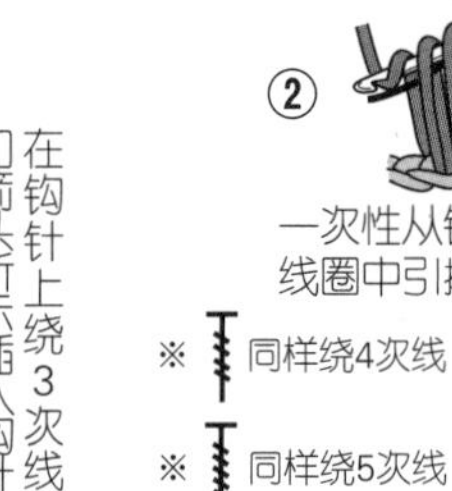

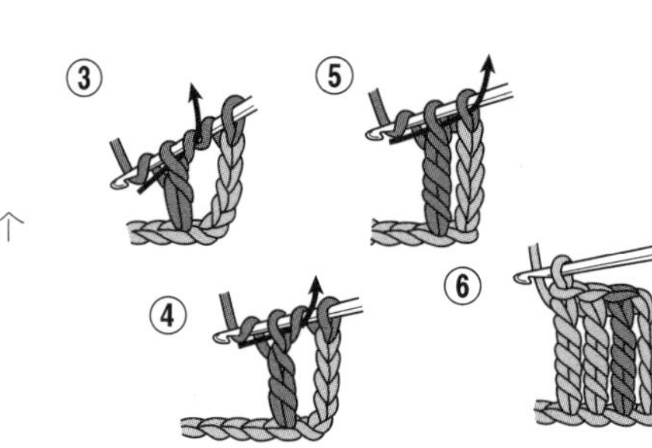

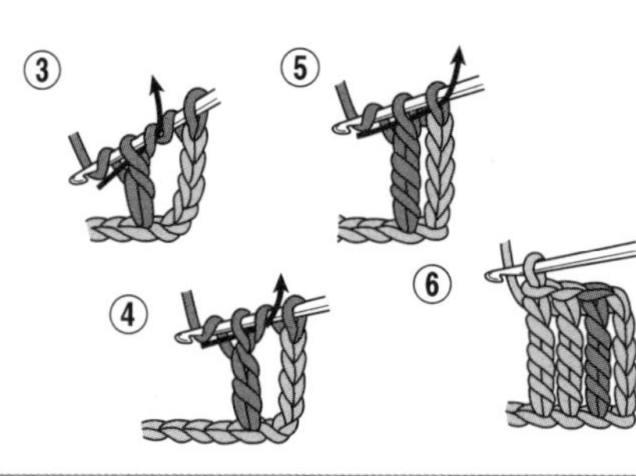

② 一次性从钩针的2个线圈中引拔。

※ 同样绕4次线

※ 同样绕5次线

变化的3针中长针的枣形针

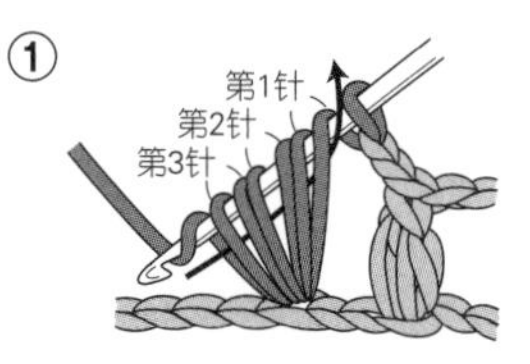

① 在上一行的1针中钩织3针未完成的中长针，钩针挂线，如箭头所示从6个线圈中一并引拔。

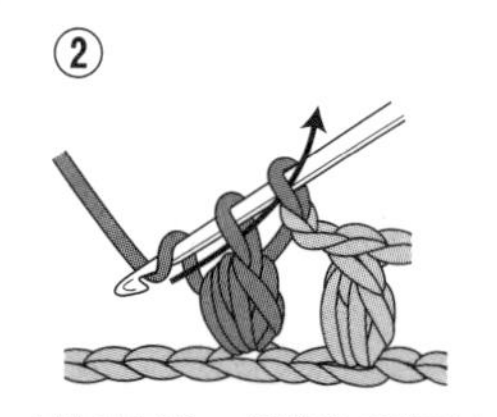

② 钩针挂线，如箭头所示从2个线圈中一并引拔。

③ 变化的3针中长针的枣形针完成。

※ 同样钩织2针未完成的中长针

※ 同样钩织5针未完成的中长针

3针长针的枣形针

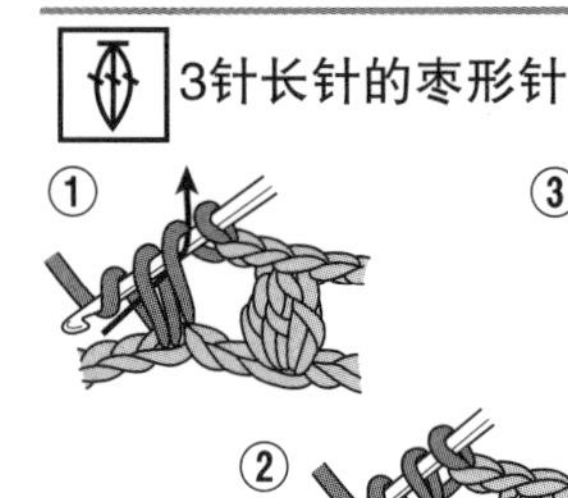

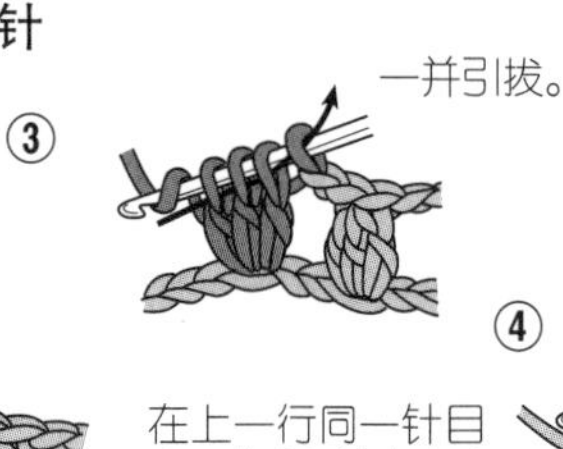

一并引拔。

在上一行同一针目中，钩织3针未完成的长针。

※ 同样钩织4针长针

※ 同样钩织2针长针

※ 同样钩织3针长长针

※“未完成”是指：之后引拔1次的话，针目（短针、长针等）才钩织完成

3针中长针的枣形针

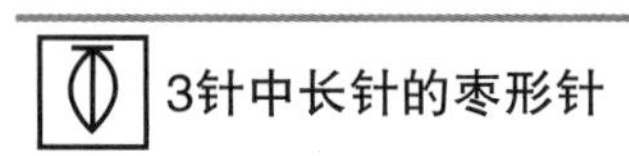

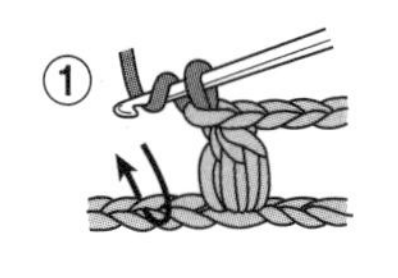

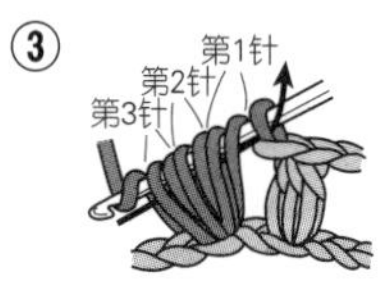

在上一行同一针目中，钩织3针未完成的中长针。 一并引拔。

1针放2针短针

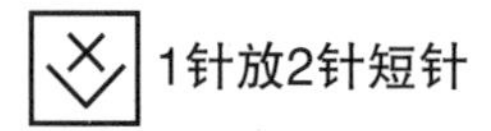

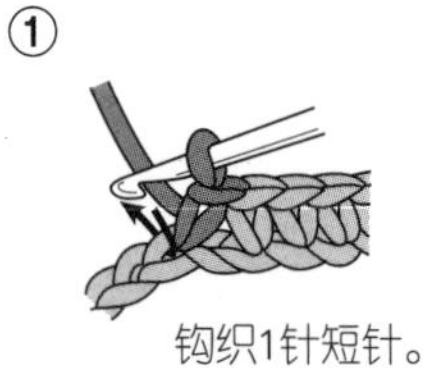

① 钩织1针短针。

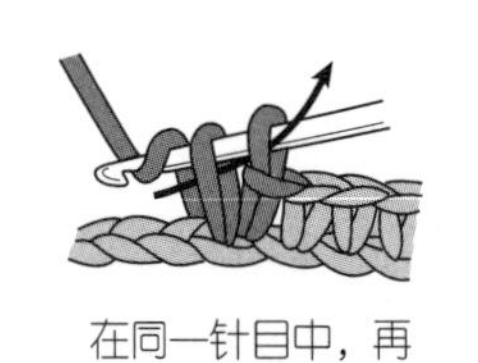

② 在同一针目中，再钩织1针短针。